集刊

集人文社科之思 刊专业学术之声

集 刊 名：中国食品安全治理评论

主办单位：食品安全风险治理研究院、江苏省食品安全研究基地

主　　编：吴林海

执行主编：浦徐进

副 主 编：尹世久　王建华

2019年第2期 总第11期

集刊序列号：PIJ-2014-096

中国集刊网：www.jikan.com.cn

集刊投约稿平台：www.iedol.cn

中国食品安全治理评论

2019 年第 2 期
总第 11 期

CHINA FOOD SAFETY MANAGEMENT REVIEW

食品安全风险治理研究院
江苏省食品安全研究基地 主办

主编　吴林海
执行主编　浦徐进
副主编　尹世久 王建华

2019
Number 2
Volume 11

目　录

本刊特稿

书　评

农场质量安全生产管理研究

消费者行为与食品安全研究

食品安全治理研究

Contents

SPECIALREPORT

Book Review

Management of Farm Quality and Safety Production

Consumer Behavior and Food Safety

FoodSafety Management

本刊特稿

完善新时代中国食品安全检验检测体系*

吴林海　黄锦贵**

摘　要： 食品检验检测机构是进行食品安全风险监测、监督、抽检等工作的主要机构，其构成、分布、装备等是食品安全风险治理体系与治理能力的重要组成部分。原国家食品药品监管总局2015年1月23日印发了《关于加强食品药品检验检测体系建设的指导意见》（食药监科〔2015〕11号》，以下简称《指导意见》）。《指导意见》提出了食品药品检验检测体系建设的指导思想、层级架构模式，明确了各层级检验检测机构的功能定位，强化了检验检测体系服务食品药品监管的核心职能，部署了改革任务，提出了建设重点，规范了保障机制。本文主要是基于国家市场监督管理总局2018年公开发布的相关数据，研究食品安全检验检测机构及其体系的建设现状，分析存在的问题，提出相关对策。

关键词： 食品安全　检验检测体系　总体状况　改革发展

一　检验检测机构的总体状况

为加强认可及检验检测市场监管，根据国家统计局关于批准执行检验检测统计调查制度要求和《检验检测机构资质认定管理办法》《认可机构

* 本文为2019年国家社科基金重点项目“新时代食品安全战略的科学内涵与制度体系框架设计研究”（编号：19AGL021）阶段性研究成果。

** 吴林海，博士、博士生导师，江南大学食品安全风险治理研究院首席专家，江南大学商学院教授，主要从事食品安全风险治理研究；黄锦贵，硕士，中国广州分析测试中心职员，主要从事食品分析测试。

监督管理办法》有关规定，国家市场监督管理总局于 2019 年 2 月 15 日发布了《市场监管总局办公厅关于开展 2018 年度认可及检验检测服务业统计工作的通知》，要求开展 2018 年度认可及检验检测服务业统计工作。主要基于国家市场监督管理总局认可与检验检测监督管理司组织的全国检验检测机构调查的数据展开分析。截至 2018 年底，全国 31 个省、自治区、直辖市向中国国家认证认可监督管理委员会（以下简称认监委）上报了调查数据。

（一）检验检测机构的数量

来自国家市场监督管理总局发布的数据显示，2018 年，全国共有各类检验检测机构 39472 家。图 1 是 2014 ~2018 年我国各类检验检测机构数量及增长情况。近年来，我国各类检验检测机构数量呈持续上升趋势。到 2018 年全国各类检验检测机构数量将近 4 万家，较上年 36327 家增长 8.66%。

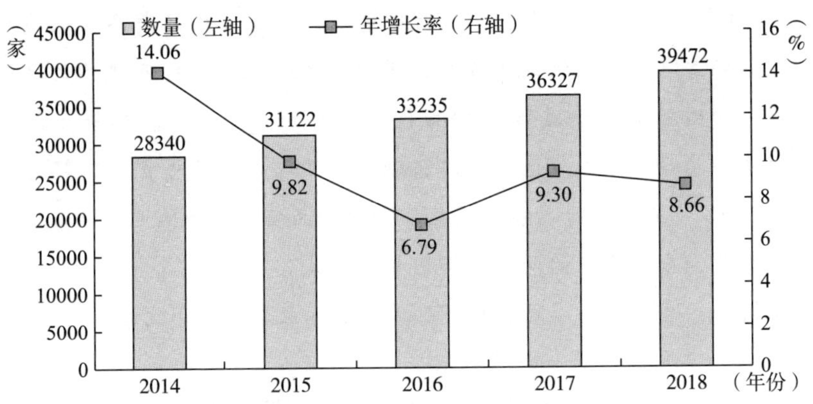

图 1　2014 ~2018 年全国检验检测机构数量及增长情况

资料来源：国家市场监督管理总局：《全国检验检测服务业统计简报（2014 ~2018 年）》。

（二）检验检测机构的营业收入

图 2 反映了 2014 ~2018 年我国检验检测机构营业收入和增长情况。图 2 显示，2014 年我国检验检测机构实现营业收入为 1630.89 亿元，之后持续增长。2018 年营业收入达到 2810.50 亿元，比 2017 年增长 18.21%，创历史新高。2014 ~2018 年，我国检验检测机构营业收入累计增长 72.42%，

年均增长 14.48%，营业收入规模整体呈平稳较快增长态势。由此可见，我国检验检测市场规模与检验检测机构数量基本上保持同步稳定上升趋势。

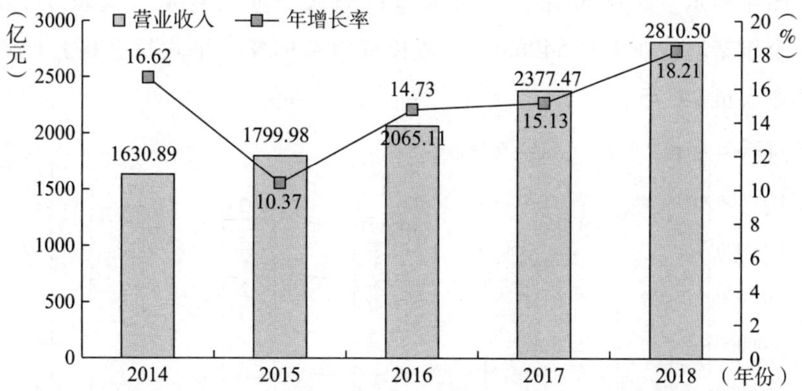

图 2　2014～2018 年全国检验检测机构营业收入及增长情况

资料来源：国家市场监督管理总局：《全国检验检测服务业统计简报（2014～2018 年）》。

（三）检验检测机构出具的报告份数

2018 年，我国各类检验检测机构共出具检验检测报告约 4.28 亿份，较 2017 年增长 13.83%。近年来，我国检验检测机构出具报告份数呈平稳上升趋势，从 2014 年的 3.11 亿份一直上升到 2018 年的 4.28 亿份，增长率一直保持在 5% 以上，并于 2018 年达到历史最高点（见图 3）。

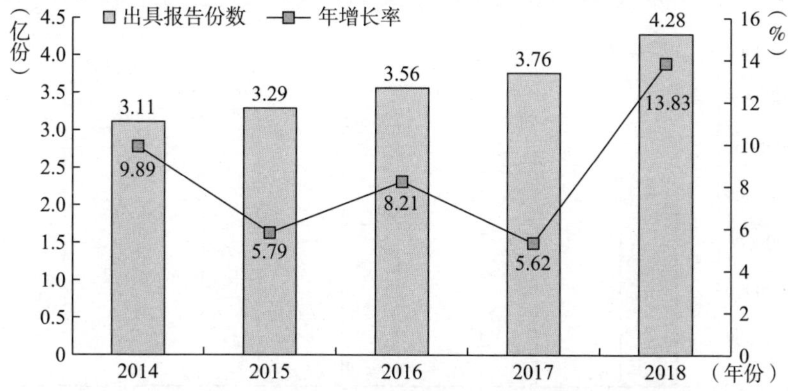

图 3　2014～2018 年全国检验检测机构出具报告份数及增长情况

资料来源：国家市场监督管理总局：《全国检验检测服务业统计简报（2014～2018 年）》。

（四）检验检测机构的从业人员

图 4 显示，2018 年末，全国检验检测服务业共有从业人员 1174300 人，全年新增就业人数 54963 人，增长率为 4.91%，平均每个检验检测机构就业人员 29.75 人。

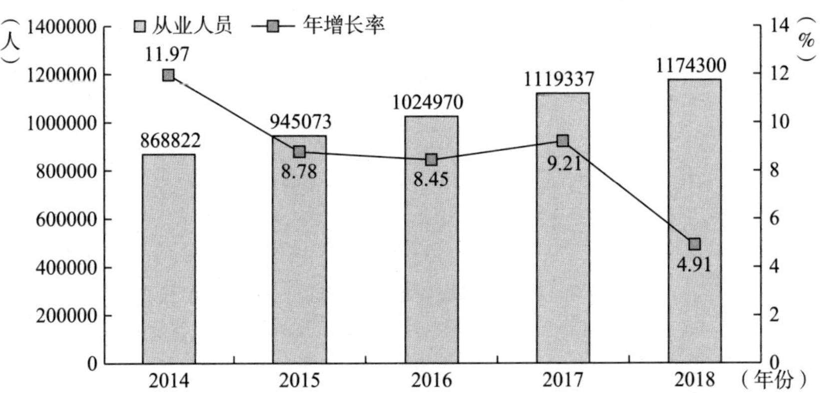

图 4　2014～2018 年全国检验检测机构从业人员及增长情况

资料来源：国家市场监督管理总局：《全国检验检测服务业统计简报（2014～2018 年）》。

（五）检验检测机构的仪器设备

2018 年底，全国共有各类检验检测机构 39472 家，拥有各类仪器设备 633.77 万台（套），仪器设备资产原值 3195.54 亿元。图 5 是 2014～2018

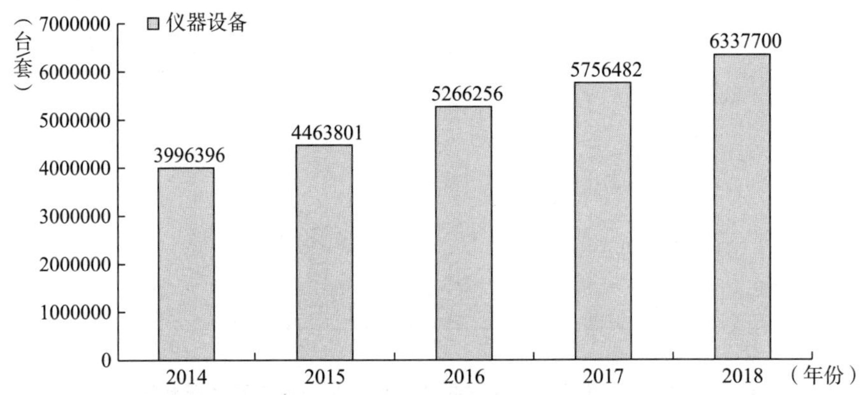

图 5　2014～2018 年全国检验检测机构的仪器设备情况

资料来源：国家市场监督管理总局：《全国检验检测服务业统计简报（2014～2018 年）》。

年我国各类检验检测机构仪器设备情况，从2014年的3996396台持续增长到2018年的6337700台（套）。2014～2018年平均每人拥有设备台（套）分别为4.60台（套）/人、4.72台（套）/人、5.14台（套）/人、5.14台（套）/人和5.40台（套）/人。

（六）检验检测机构的实验室面积

实验室面积是反映检验检测机构能力的一个指标。图6显示，2018年，我国检验检测机构实验室面积为7120.74万平方米，比上年增长9.82%。

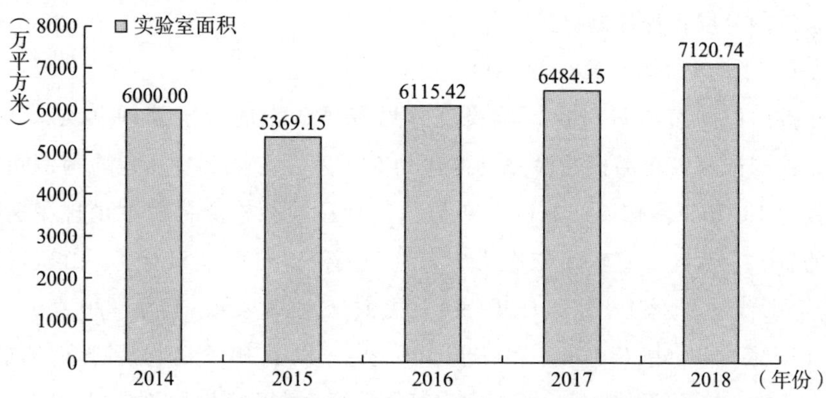

图6　2014～2018年全国检验检测机构实验室面积情况

资料来源：国家市场监督管理总局：《全国检验检测服务业统计简报（2014～2018年）》。

二　食品安全检验检测机构的总体状况

食品安全检验检测机构是整个检验检测机构的重要组成部分。基于国家市场监督管理总局的数据，相关情况分析如下。

（一）食品检验检测机构的数量与构成

截至2018年底，我国共有食品检验检测机构3727家，占全国检验检测机构总数的9.44%。其中，事业单位制、企业制、社会团体的食品检验检测机构数量分别为3205家、521家、1家，占全部食品检验检测机构总量的比例分别为85.99%、13.98%、0.03%。

（二）食品检验检测机构的层次

为了规范检验检测机构资质认定工作，加强对检验检测机构的监督管理，原国家质量监督检验检疫总局于 2015 年 4 月 14 日印发的《检验检测机构资质认定管理办法》（总局令第 163 号）明确规定："国务院有关部门以及相关行业主管部门依法成立的检验检测机构，其资质认定由国家认监委负责组织实施；其他检验检测机构的资质认定，由其所在行政区域的省级资质认定部门负责组织实施。"由此可见，我国的检验检测机构实施资质认定的分层管理体制。

1. 国家级食品检验检测机构

按照原国家质量监督检验检疫总局资质认定的分层管理办法，2018 年，我国国家级食品检验检测机构达到 513 家，占全部食品检验检测机构总数的 13.76%。按照区域的分布数量，食品检验检测机构数量排序前十位的省、自治区、直辖市依次为广东（61 家）、北京（53 家）、山东（39 家）、浙江（31 家）、江苏（30 家）、黑龙江（22 家）、上海（20 家）、四川（19 家）、福建（19 家）和辽宁（19 家）。以上 10 个省份所分布的国家级食品检验检测机构数量占全部国家级食品检验检测机构数量的 61.01%。

从行业领域来看，2018 年食品检验检疫、食品技术监督和农产品质量检验三大领域国家级食品检验检测机构数量分别为 237 家、94 家和 55 家，分别占全部食品检验检测机构总数的 46.20%、18.32% 和 10.72%，累计占比为 75.24%（见图 7）。

2. 省级食品检验检测机构

图 8 显示，省级层面食品检验检测机构数量达到 3214 家，占全部食品检验检测机构总数的 86.24%。16 个省、自治区、直辖市拥有的省级食品检验检测机构数量超过 100 家，依数量大小的排序分别为河南（270 家）、云南（203 家）、湖南（200 家）、黑龙江（188 家）、四川（179 家）、江苏（172 家）、辽宁（163 家）、浙江（155 家）、吉林（155 家）、山东（148 家）、河北（138 家）、广西（135 家）、湖北（134 家）、广东（133 家）、江西（118 家）和安徽（117 家）。

从区域来看，2018 年六大区域省级食品检验检测机构规模比重分别

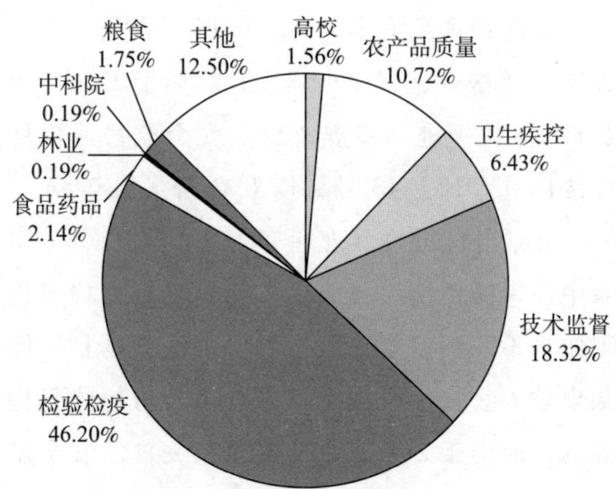

图 7　2018 年国家级食品检验检测机构行业分布

资料来源：根据中国国家认证认可监督管理委员会相关资料整理计算得到。

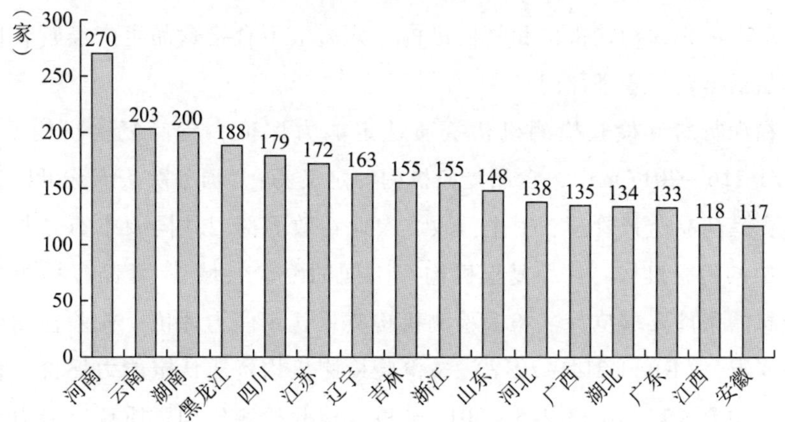

图 8　2018 年省级食品检验检测机构超过百家的地域分布

资料来源：根据各省、自治区、直辖市市场监督管理局官方网站相关资料整理计算得到。

为：华东 26.45%，华北 10.89%，中南 27.13%，西南 14.93%，东北 15.74%，西北 4.85%。华东、华北、中南三大区域占到省级食品检验检测机构总量的 64.47%。

（三）食品复检机构总体情况

为规范食品（含食品添加剂）安全监督抽检复检、异议工作，进一步提高工作效率，有效防控食品安全风险，依据《食品安全法》《食品安全抽样检验管理办法》等法规，国家市场监管总局于 2018 年 9 月 5 日印发了《市场监管总局办公厅关于进一步规范食品安全监督抽检复检和异议工作的通知》（市监食检〔2018〕48 号，以下简称《通知》）。该《通知》明确规定："受理部门应当自出具受理通知书之日起 7 个工作日内，在公布的复检机构名录中，遵循便捷高效原则，随机确定复检机构进行复检。因客观原因 7 个工作日不能确定复检机构的，可适当延长，但应当将延长的期限和理由告知申请人。复检机构无正当理由不得拒绝复检任务，确实无法承担复检任务的，应当于 2 个工作日内向相关食品安全监督管理部门作出书面说明。无正当理由，一年内 2 次拒绝承担复检任务的，食品安全监督管理部门可停止其承担的食品安全抽样检验任务，并向复检机构管理部门提出撤销其复检机构资质的建议。确定复检机构后，受理部门应当将复检受理事项告知初检机构和复检机构，并通报不合格食品生产经营者住所地食品安全监督管理部门。"

在现行的《检验检测机构资质认定能力评价　食品复检机构要求》（RB/T 216－2017）中，食品复检机构的定义为："国务院认证认可监督管理、食品药品监督管理、卫生行政、农业行政等部门共同颁布的'复检名录'中的检验机构，食品复检机构有不同的复检领域。"食品复检机构名录公布的条件要求执行《检验检测机构资质认定能力评价　检验检测机构通用要求》（RB/T 214－2017）、《检验检测机构资质认定能力评价　食品检验机构要求》（RB/T 215－2017）和《检验检测机构资质认定能力评价　食品复检机构要求》（RB/T 216－2017）等规范。

国家认监委先后在 2011 年、2013 年和 2016 年公布了三批食品复检机构名录，数量分别是 104 家、32 家和 56 家，总计为 192 家。全国 192 家食品复检机构数量排在前五位的省市依次为广东（16 家）、北京（15 家）、浙江（13 家）、山东（11 家）和四川（11 家），而西藏和青海目前暂时还没有资质认定的食品复检机构。从检测项目来看，承担重金属、农药残留、非法添加物、食品添加剂和兽药残留的食品复检机构依次为 180 家、166 家、164 家、156 家和 153 家（见图 9）。重金属、农药残留、非法添加物、食品添加剂和兽药残留等 5 个检测项目也是现阶段全社会关注的食品安全重点检测项目。

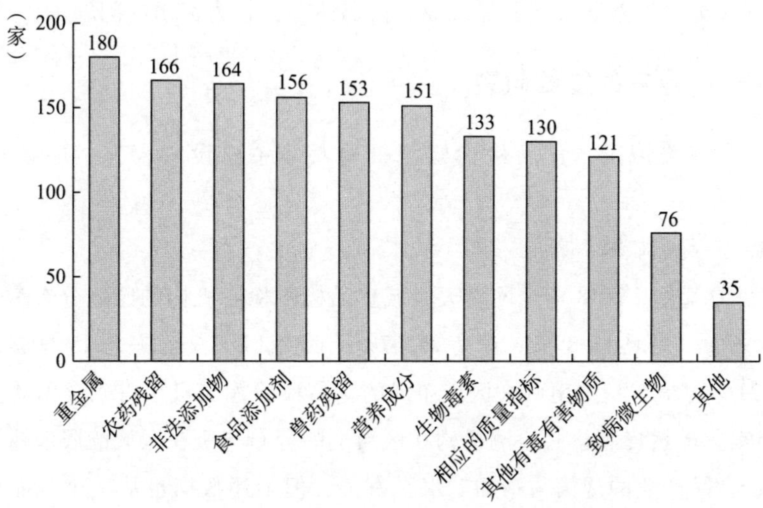

图 9　2018 年食品复检机构检测的项目分布

资料来源：根据中国国家认证认可监督管理委员会相关资料整理计算形成。

中国政府购买服务信息平台于 2019 年 6 月 12 日公布了《国家市场监督管理总局本级食品安全抽检监测承检机构采购项目中标公告》，择优选取了 50 家食品安全抽检承检机构拟承担 2019～2021 年度国家市场监督管理总局本级食品安全抽检工作，在全国范围内开展各类食品的抽检任务，采购项目预算金额为 33000 万元人民币，其中 2019 年度预算金额为 11000 万元。2019 年食品安全抽检承检机构的任务包括但不限于国家市场监管总局下达的《市场监管总局关于印发 2019 年食品安全监督抽检计划的通知》（国市监食检〔2019〕35 号）等文件中明确的任务，在全国范围内开展粮食加工品、食用油（油脂及其制品）、调味品、肉制品等食品的抽检任务，全年抽检、监测等总数约 4.7 万批次。在 50 家国家食品安全抽检承检机构中，有 27 家是食品复检机构，占比 54%。该结果表明，申请食品复检机构资质有利于提高食品安全监督抽检采购项目的中标概率。

三　食品检验检测体系建设中存在的主要问题与建议

为了促进食品检验检测机构的改革、建设与发展，近十年来尤其是最近几年来国家相关管理部门出台了一系列的文件，食品检验检测机构也积极推进改革，虽然取得了明显成效，但仍然存在较为突出的问题。

（一）存在的主要问题

综合相关情况，食品检验检测机构及体系建设中存在的主要问题如下。

1. 区域分布不平衡

图 10 显示，2018 年全国六大区域食品检验检测机构的区域分布为：华东 26.99%，华北 11.89%，中南 26.67%，西南 14.25%，东北 15.00%，西北 5.21%。华东、中南两大区域布局的食品检验检测机构占到全国总量的 53.66%。虽然食品检验检测机构在区域上的分布与所在区域的服务业发达程度、食品产业的规模与精加工水平有关，但上述数据也从一个侧面反映了食品检验检测机构的区域分布并不平衡。

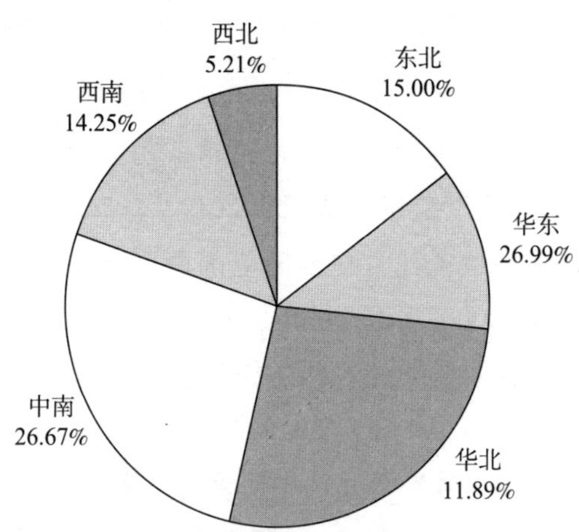

图 10　2018 年全国食品检验检测机构的区域分布

资料来源：根据各省、自治区、直辖市市场监督管理局官方网站相关资料整理计算得到。

从占比情况来看，全国食品检验检测机构数量 3727 家，占全国各类检验检测机构 39472 家的 9.44%。各省、自治区、直辖市食品检验检测机构数量占各自区域各类检验检测机构的比重情况如图 11 所示。其中，吉林省食品检验检测机构数量 167 家，占全省各类检验检测机构 912 家的比重为最高，达到了 18.31%；青海省占比最低（海南省无省级食品检验检测机构数据)，仅占1.70%。由此可见，我国食品检验检测机构在地区布局上具有较大的不平衡性。

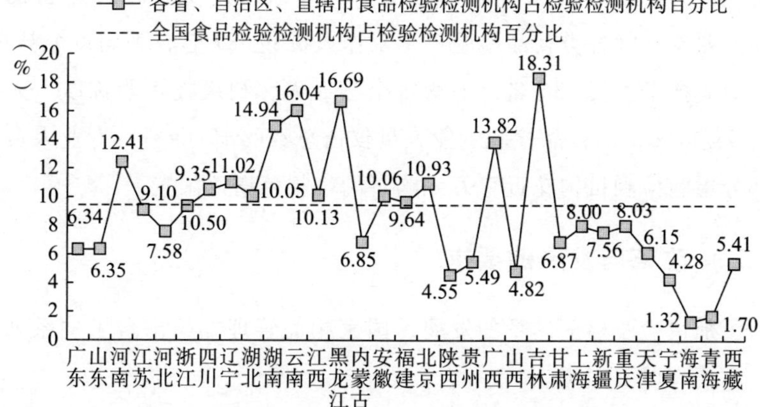

图11　2018年各省、自治区、直辖市与全国食品检验检测机构占比状况

注：海南省省级食品检验检测机构无数据。

资料来源：根据中国国家认证认可监督管理委员会官方网站和各省、自治区、直辖市市场监督管理局官方网站相关资料整理计算得到。

2. 市场化程度低

目前我国的检验检测市场上，事业单位制的检验检测机构占据市场主体地位。在食品领域事业单位制的食品检验检测机构数量占比高达85.99%，以绝对的优势占据上风。尽管近年来食品检验检测市场化程度日益提高，但由于长期承担政府法定检验任务，导致对食品产业经济和检验检测市场需求不敏感，主要原因是缺乏市场化激励机制，机构运营资金靠政府拨款，运用社会力量和市场机制吸引资金的能力弱，而且事业单位制的食品检验检测机构缺乏现代化管理手段，机构日常运行成本居高不下。

3. 县级食品检验检测机构能力不强

以广西壮族自治区为例，截止到2018年11月底，广西壮族自治区食品药品监管系统通过食品领域检验检测资质认定的机构共有24家，其中自治区级食品检验检测机构2家，分别为广西壮族自治区食品药品检验所和广西－东盟食品药品安全检验检测中心。14家地级市食品检验检测机构已实现全部覆盖，其中玉林市有2家。而8个县级市只有2家食品检验检测机构通过了资质认定，在 63 个县中只有 5 家县级食品检验检测机构通过了资质认定。

与此同时，县级食品检验检测机构人才短缺，发展乏力问题较为突出。如江西省县级各类食品检验机构工作人员共 587 名，平均每个县 6 人。其中，专业技术人员 336 名，平均每个县 3 人，初级技术职称以下人员占总数的 63.11%，而食品检验专业人员仅占总数的 10.64%。专业人员不足导致部分检验检测机构花近百万元购买的气相色谱仪闲置。

（二）改革与发展的要求

为了加快检验检测体系的发展，国家相关管理部门出台了一系列相关政策，主要有以下四类。

1. 明确了行业性质和发展方向

国务院办公厅于 2011 年 12 月 16 日印发了《国务院办公厅关于加快发展高技术服务业的指导意见》（国办发〔2011〕58 号），将检验检测服务列入八大高技术服务业之一。2014 年 8 月 6 日印发的《国务院关于加快发展生产性服务业促进产业结构调整升级的指导意见》（国发〔2014〕26 号）明确规定：加快发展第三方检验检测认证服务，鼓励不同所有制检验检测认证机构平等参与市场竞争，不断增强权威性和公信力，为提高产品质量提供有力的支持保障服务。加强计量、检测技术、检测装备研发等基础能力建设，发展面向设计开发、生产制造、售后服务全过程的分析、测试、计量、检验等服务。建设一批国家产业计量测试中心，构建国家产业计量测试服务体系。加强先进重大装备、新材料、新能源汽车等领域的第三方检验检测服务，加快发展药品检验检测、医疗器械检验、进出口检验检疫、农产品质量安全检验检测、食品安全检验检测等服务，发展在线检测，完善检验检测认证服务体系。开拓电子商务等服务认证领域。优化资源配置，引导检验检测认证机构集聚发展，推进整合业务相同或相近的检验检测认证机构。积极参与制定国际检验检测标准，开展检验检测认证结果和技术能力国际互认。培育一批技术能力强、服务水平高、规模效益好、具有一定国际影响力的检验检测认证集团。加大生产性服务业标准的推广应用力度，深化国家级服务业标准化试点。

2. 明确事业单位机构的改革方向

2011 年 3 月 23 日，《中共中央国务院关于分类推进事业单位改革的指导意见》（中发〔2011〕5 号）明确规定“推进从事生产经营活动的事业单位进行转企改制改革”，此次改革涉及全国 126 万个机构、4000 万余人，主要的思路是“政事分开、事企分开、管办分离”，其中“管办分离”是改革的主体。

为加快检验检测服务业的“转企改制”改革，国务院办公厅于 2014 年 3 月 11 日印发的《国务院办公厅转发中央编办质检总局关于整合检验检测认证机构实施意见的通知》（国办发〔2014〕8 号）明确规定：“各地区、各部门要摸清底数，认真清理现有检验检测认证机构，对职能萎缩、规模较小、不符合经济社会发展需要的机构予以撤销。在此基础上，从三个方面推进整合工作。一是结合分类推进事业单位改革，明确检验检测认证机构功能定位，推进部门或行业内部整合；二是推进具备条件的检验检测认证机构与行政部门脱钩、转企改制；三是推进跨部门、跨行业、跨层级整合，支持、鼓励并购重组，做强做大。”“各地区、各有关部门要充分认识整合检验检测认证机构的重要性和紧迫性，把这项工作放在突出位置，加大工作力度，推动检验检测认证高技术服务业快速发展，为加快转变经济发展方式、促进提质增效升级提供有力支撑。”

3. 明确要求推进集聚区建设

当前，我国经济发展进入新常态，正在推进供给侧结构性改革，发展检验检测高技术服务业，有利于扩大内需，培育壮大战略性新兴产业，促进产业结构优化升级。但是，我国检验检测服务业存在事业单位性质检测机构占比高、布局结构分散、机构规模较小、市场占有率不高等一系列不利于发展的问题，难以适应我国经济社会发展的新要求。为贯彻落实《国务院办公厅关于加快发展高技术服务业的指导意见》（国办发〔2011〕58 号）和《国务院办公厅转发中央编办质检总局关于整合检验检测认证机构实施意见的通知》（国办发〔2014〕8 号），促进检验检测高技术服务业发展，原国家质量监督检验检疫总局和国家发展改革委于 2016 年 7 月 6 日联合印发了《关于国家检验检测高技术服务业集聚区建设的意见》（国质检科联〔2016〕301 号，以下简称《意见》）。该《意见》提出，“十三五”

时期，将在全国规划建设一批影响力大、辐射带动作用明显、社会经济效益好的检验检测高技术服务业集聚区。将集聚区建设成为检验检测认证行业信息、人才、机构汇聚交流的重要基地，培育一批创新能力强、服务水平高、具有国际市场开拓能力的检验检测集团，形成一批检验检测认证知名品牌。要求集聚区具有较强的要素集聚功能，成为检验检测认证机构发展的平台。截至 2018 年底，国家发改委、原国家质检总局联合批准了 6 个国家级检验检测高技术服务业集聚区的建设，分别坐落于广东省、江苏省、浙江省、湖南省、湖北省和重庆市。

4. 明确了食品检验检测体系的建设规划

食品检验检测体系是整个食品安全监管体系的重要技术支持，是依法监管的重要技术保障。原国家食品药品监管总局于 2015 年 1 月 23 日印发的《关于加强食品药品检验检测体系建设的指导意见》确定了“到 2020 年，建立完善以国家级检验检测机构为龙头，省级检验检测机构为骨干，市、县级检验检测机构为基础，科学、公正、权威、高效的食品药品检验检测体系，充分发挥第三方检验检测机构的作用，使检验检测能力基本满足食品药品监管和产业发展需要”的总体目标，并提出了食品药品检验检测体系“四三二”的层级架构模式，即食品（含保健食品）检验检测体系重点支持建设国家、省、市、县四级检验检测机构，药品化妆品（统称药品）检验检测体系重点支持国家、省、市三级检验检测机构，医疗器械检验检测体系重点支持建设国家、省两级检验检测机构。《关于加强食品药品检验检测体系建设的指导意见》的制定发布，标志着全国食品药品检验检测体系的顶层设计已初步完成，为进一步加强食品药品检验检测体系建设、提升检验检测能力、服务食品药品监管奠定了良好基础。

（三）完善体系与推进能力建设的建议

食品检验检测机构是防范食品安全风险的技术保障，是新时代国家食品安全风险治理体系的重要组成部分。改革和完善食品检验检测体系是贯彻习近平总书记关于食品安全工作“四个最严”、做好新时代食品安全监管工作的重要基础。

1. 科学完善规划

以政府职能转变和深化机构改革的总体要求为遵循，以《关于加强食品药品检验检测体系建设的指导意见》（食药监科〔2015〕11号）为指导，各省、自治区、直辖市要依据辖区内食品生产与消费、食品产业布局状况，基于食品安全检验检测体系与能力建设的专业性，全面规划各自区域的食品检验检测体系与能力建设规划。按照“检测机构要精、检测项目要全、检测能力要强、检测水平要高”的建设目标，构建省级突出“高精尖”、市级满足“全覆盖”、县级达到“最基本”、乡级实现“最快速”的统一、权威、高效的食品检验检测体系，切实提高食品安全检验检测水平，为行政执法提供有力的技术支撑。科学确定不同层次的食品检验检测机构的建设标准，促进检验检测体系和能力建设的规范化，全面提升检验检测能力。

2. 加快资源整合

根据食品安全监管工作需要，统筹规划不同类别、不同层级、不同区域的检验检测资源布局，突出建设重点，强化薄弱环节，促进食品检验检测资源整合共享。在资源整合的过程中要重点解决食品检验检测机构分布不平衡的问题。经济发达地区应该以县（市）为基本单位建立独立的食品检验检测机构，欠发达地区与相对落后的地区，可以区域中心县（市）为基本单位建立相应的能够满足需求的食品检验检测机构。要明确县（市）级食品检验检测机构的功能定位，重点确保此类机构具备对常见食品微生物、重金属、理化指标的实验室检验能力及定性快速检测能力，能够承担对检验检测时限要求较高的技术指标、不适宜长途运输品种以及具有区域与地方特色的食品安全检验检测任务。

3. 强化诚信建设

在现实中，食品检验检测机构恶性竞争，出具虚假检验检测报告的情况时有发生，强化诚信建设已刻不容缓。2018年10月1日起我国首个检验检测机构诚信评价国家标准《检验检测机构诚信评价规范》（GB/T 36308－2018）正式实施。该标准的实施有利于政府监管部门建立食品检验检测机构诚信档案，并实施分类监管，建立以信用为核心的事中事后的食品检验检测机构监管新型模式，更好地发挥检验检测传递信用的作用，改变“劣币驱逐良币”的现象。建议各省、自治区、直辖市全面建立食品检验检测机构信用体系，对食品检验检测机构的诚信度和诚信建设水平实施分类监管，基于 GB/T 36308－2018 的标准规范，从实际出发，细化评价指标，规范食品检验检测市场，打击并最终有效杜绝出具虚假食品检验检测报告的现象。

4. 建立竞争体系

我国独立的第三方检验检测市场是在政府逐步放松管制的基础上发展起来的，经历了由国家检验检测机构负责所有商品检验，到开始对民间资本开放商品检验检测市场，再到界定行政执法性质的强制性检验检测工作与民事行为检验检测业务、民营检测机构快速发展、外资独资检测机构进入中国的发展阶段。未来食品检验检测客观要求地域与食品行业的覆盖面更广、监测点更全、监测参数更多，这必将催生新的更大的市场需求。因此，一方面，政府主导的食品检验检测机构将承担更为繁重的任务；另一方面，需要大力发展第三方机构，以解决政府主导的食品检验检测机构分布不平衡且能力有待提升等“政府失灵”的一系列问题。这是未来建设、改革与完善食品检验检测体系的主要方向。虽然近年来食品检验检测体系市场化改革取得了新进展，但总体而言，食品检验检测体系市场化程度仍然严重不足，第三方食品检验检测机构发展非常不理想，尚没有形成适度的市场竞争。因此，建设具有中国特色的食品检验检测体系，必须基于政府主导、市场配置资源的原则，充分培育、发展与规范第三方食品检验检测机构，培育多元市场，形成不同规模、不同来源、不同国别、不同层次、不同所有制构成的食品检验检测体系。

书　评

“‘大国三农’系列丛书”序

信凯同志托我为他担任总主编的“‘大国三农’系列丛书”作序，翻阅书稿后，欣然提笔，因为这套丛书从立意到内容都打动了我。

“大国三农”，这个丛书名字气势磅礴，说明策划编写立意高远。“农者，天下之本也。”重农固本是安民之基、治国之要。“三农”问题不仅事关人民群众的切身利益，同时也关系到社会的安定和整个国民经济的发展。正如习近平总书记指出的：“我国13亿多张嘴要吃饭，不吃饭就不能生存，悠悠万事，吃饭为大。”他还强调：“我国是个人口众多的大国，解决好吃饭问题始终是治国理政的头等大事。”

新中国成立70年，尤其是改革开放以来，我国的“三农”事业发展取得了举世瞩目的成就。全国粮食总产量接连跨上新台阶，特别是近五年来，我国粮食连年丰收，产量已稳定在1.2万亿斤以上，解决了13亿人的温饱问题；肉类人均占有量已超过世界平均水平，禽蛋达到了发达国家水平，“吃肉等过节”已经成为历史；农村贫困人口持续减少，2018年贫困发生率下降到了1.7%；农业现代化水平大幅提高，农业科技进步贡献率达到56.65%，靠天吃饭逐渐成为历史……

但是，我们也应该清晰地看到，我国农业的基础仍然比较脆弱，正如习近平总书记强调的：“一定要看到，农业还是‘四化同步’的短腿，农村还是全面建成小康社会的短板。”在“大国”小农的背景下，如何让农业成为有奔头的产业，让农民成为有吸引力的职业，让农村成为安居乐业的美丽家园，这套丛书给出了清晰的答案：乡村振兴战略为农业农村的未来发展描绘了宏伟而美好的蓝图；把饭碗牢牢端在自己手上，保障国家粮食安全；加强从田间到餐桌的风险治理，确保舌尖上的安全；培育壮大新型农业经营主体，解决未来谁种地的问题；建设美丽乡村，改善农村人居环境；给农业插上科技的翅膀，用科技创新驱动农业现代化；培育新产业、新业态与新机制，为农业农村发展提供新动能。

以信凯同志为首的丛书作者都是高等院校的中青年专家，有着丰富的研究功底和实践经验，对丛书内容的把握深浅得当，既有较强的理论性，也有丰富的实践性；表达叙述做到了用浅显易懂的语言把复杂问题讲清楚；图说、数说、声音、案例等多种多样的辅助性材料使得内容鲜活生动，避免了枯燥的说教。整套丛书对我国农业农村的整体情况进行了全景式展现，尤其是对党的十八大以来农业农村发展的新成就进行了总结，对“三农”事业的未来发展做出了前瞻性展望。

毫不夸张地说，现在的农业早已不是过去的样子了，从事农业工作再也不是“面朝黄土背朝天”了，农业是最有发展前景的行业，未来的发展方向是机械化、信息化、智能化，甚至要艺术化。现在的年轻人，尤其是学习农业专业的青年学生们，一定要了解我国农业农村的现状和未来，树立自信，从事农业不仅大有可为，而且是大有作为；一定要打心底里懂农业、爱农业，志存高远，为国家和社会的发展和进步奋斗，这样的人生才有意义。

民以食为天，食以稻为主。从而立至耄耋，我为水稻育种事业和人类温饱问题奋斗了几十年，无怨无悔，矢志不渝。我有两个梦：一个是禾下乘凉梦，梦想试验田里的超级杂交稻长得有高粱那么高、稻穗有扫把那么长、谷粒有花生米那么大，我坐在禾下悠闲地纳凉；另一个是杂交稻覆盖全球梦，希望全世界不再有饥荒，人类不用再忍受饥饿。

我始终坚信，在党和国家的高度重视和坚强领导下，充分发挥社会主义制度优势，不断激发“三农”工作者的积极性、创造性和主动性，通过汇集全社会的磅礴力量，农业强、农村美、农民富的壮美图景必将早日实现。

实现“中国梦”，基础在“三农”。

谨以为序。

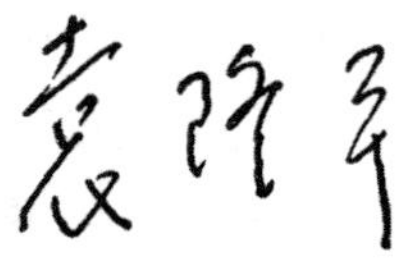

2019 年 5 月

（中国人民大学副校长、长江学者特聘教授朱信凯为总主编，组织撰写了“‘大国三农’系列丛书”。这是首届“共和国勋章”获得者、中国工程院院士袁隆平研究员为丛书所做的序。丛书即将由中国农业出版社出版。江南大学食品安全风险治理研究院首席专家、院长吴林海教授撰写了丛书中的《“舌尖上”的安全：从田头到餐桌的全程治理》一书。）

《农业安全生产转型的现代化路径》序言

胡武阳*

当前，居民食物消费与农业生产之间的主要矛盾已经由过去的总量难以满足消费需求转变为农业生产层次和质量难以顺应消费升级的需要。随着工业化、城镇化和农业现代化进程的推进，中国农业发展取得了巨大成就，食物供应总量得到了有效保障，居民对安全、健康、有机的绿色食品消费需求也在显著增加，但是当前的农业生产结构还难以适应消费结构的变化，农业发展的根本矛盾主要表现为供求结构失衡。因此，在城乡居民消费结构变化的情况下，如何调整农业生产结构是新形势下需要解决的问题。中国是一个人口大国，耕地资源稀缺，这就决定了保障粮食供给基本安全是农业转型升级的大前提，而关键问题在于如何实现质量型农业。解决该问题一方面要从需求侧着手，围绕市场需求，引导、调整并优化农业发展方向；另一方面从供给侧入手，立足于农业生产者微观生产行为，结合政府政策供给实现农业生产要素配置优化与生产经营制度革新，不断提升农业供给的质量和效率，在更好地促进供需结构平衡的同时，实现农业可持续发展与转型升级。因此，在城乡居民消费结构变化的情况下，如何调整农业生产结构便成为新形势下一个迫切需要解决的问题。立足于上述结构性矛盾，该书以大量的基层调研数据作为实证分析的基础，重点从农业生产主体入手，研究了农业安全生产转型的现代化路径。全书主要包括四大板块——农业安全生产转型的现实要求与内在困境、农业生产的风险识别与行为逻辑、农户安全生产的转型意愿以及有关农业安全生产转型的

---

* 美国俄亥俄州立大学农业、环境和发展经济系教授。

政府政策评价，涵盖了消费者、生产者、政府多个角度，多方位、深层次剖析了当下农业生产的问题与改进路径。研究兼具广度与深度，层次分明、逻辑严密、论证有力，为新时代农业安全生产转型提供了建设性的意见，也给相关研究领域的学者提供了积极的思路借鉴。

中国农产品在生产环节受到一系列主客观因素的影响，存在着严重的质量安全隐患，包括产地环境污染、农业投入品残留、非法添加违禁物质、病原微生物及寄生虫污染、制假售假、动植物疫病、农产品自身毒素及其代谢产物，以及收储运过程中原料、产品、包装、设备污染等。2017年中央“一号文件”指出，要以提高农业供给质量为主攻方向，以体制改革和机制创新为根本途径，优化农业产业体系、生产体系、经营体系，提高土地产出率、资源利用率、劳动生产率，促进农业农村发展由过度依赖资源消耗、主要满足量的需求，向追求绿色生态可持续、更加注重满足质的需求转变。目前，中国农业供给侧结构性改革虽然有了一定进展，但仍存在不少问题，未来农业改革须重点聚焦发展目标，厘清工作路数，加力政策举措。在此，本书以对农业种植户与养殖户的具体调查研究为基础，给出了相应的改善意见，为提高农业供给质量、促进农业安全生产转型做出了积极努力。

该书在研究方法上，综合运用文献梳理、实地调研、计量分析与案例分析多种方式，通过查阅已有相关问题的研究资料，对研究问题进行了全面深入的分析。利用2013～2017年五次大规模实地调研数据，从计量经济学、行为经济学、制度经济学、信息经济学、心理学、管理学等多学科视野，以消费者效用理论、随机效用理论、计划行为理论、期望价值理论、科特勒行为决策理论、前景理论、理性假设理论、社会认知理论、多中心合作治理理论等为指导，深刻剖析了农业安全生产转型的现实压力，识别了农业安全生产的特点与现实环境，并对农业生产者相关决策效率与生产环节的安全风险进行了有效测度与分析，最后从政府政策研究与设计的角度提出了引导农业生产者安全生产转型的方法。该书所使用的计量分析方法包括：选择实验法、MPL实验法、仿真实验法、贝叶斯网络推理法、C－D生产函数、损害控制模型、结构方程模型、博弈模型、混合Logit模型、二元Logit模型、S－logit模型等。这些研究方法的运用提高了本书的科学性与前沿性，增强了预测的可靠性与有效性，不仅拓宽了研究视角，在内容与方法上也实现了创新与发展，更丰富了研究结论，为农业安全生产转型探索出了适时有效的现代化可为路径。

农业安全生产转型是居民食物消费结构升级的必然过程，也是关系中国农业农村发展的全局问题。明确中国农业安全生产转型的现代化路径，不仅能够满足居民食物消费升级的需要，也能为农业供给侧结构性改革和乡村振兴提供发展新动力。该书对农业安全生产转型的现代化路径进行了积极探索，为该领域研究发展做出了重大贡献与积极引领，但是囿于人力、物力和资源条件，该书目前的研究成果尚存在一定的片面性与局限性。作者虽然跨学科、多视角、分层次地对农业生产状况展开了大量细致深入的分析，但主要是从农业生产者的农药施用情况、兽药使用情况与生猪养殖状况入手，不足以展示农业生产的全况与整体面貌，且由于技术方法的限制，该书虽积极利用学界现有最先进的技术手段，但问卷调查的数据与真实情况往往具有一定差距，被调查者的合作态度、是否具有实事求是的科学精神等问题都可能影响调研结果的真实性与可信性。此外，数据获取的限制、模型方法的选取等，都可能会对研究结果的准确性与稳定性造成一定程度的影响。尽管如此，该书还是在国内农业安全生产转型研究方面做出了富有创新性与价值性的尝试与努力，为该领域研究展示了广阔的发展前景。

本书作者王建华教授长期从事食品安全供应链与农林经济管理的研究，其刻苦勤奋的工作品质、钻研求索的创新精神与科学严谨的求真态度得到了学术界同仁的普遍认可与推崇。近年来，他主持国家自然科学基金项目与省部级项目多项，发表高水平论文 50 余篇，出版著作 7 部，并相继获得江南大学至善学者（连续五届）、江南大学科研之星、江苏省“青蓝工程”优秀青年骨干教师等殊荣，展现了较高的学术能力、学术追求。祝愿作者继续努力，在农业安全生产转型的现代化路径探索中做出更大的贡献!

（这是胡武阳教授为江南大学食品安全风险治理研究院王建华教授的新著《农业安全生产转型的现代化路径》所做的序。《农业安全生产转型的现代化路径》已由江苏人民出版社 2019 年 5 月出版。）

农场质量安全生产管理研究

病虫害防治服务对粮食类家庭农场福利的影响研究*

于丽丽　牛子恒　高　杨**

摘　要：依据黄淮海平原五省 375 户粮食类家庭农场的调研数据，在可行能力理论框架下，综合测评粮食类家庭农场福利水平。进而，借助内生转换回归模型和多项处理效应模型，分别探讨粮食类家庭农场病虫害防治服务采纳与否、采纳程度与采纳时机的福利效应。研究发现：采纳与未采纳病虫害防治服务的家庭农场福利平均处理效应均显著，且分别为 0.033 和 0.025，病虫害防治服务有助于提升家庭农场福利水平；采纳病虫害防治服务程度高与低的家庭农场福利水平分别提升 8.98% 与 7.36%，采纳程度高的家庭农场福利效应更大；采纳病虫害防治服务时机早和晚的家庭农场福利水平分别提升 11.07% 和 15.95%，采纳时机晚的家庭农场福利水平提升更高。因此，应建立健全病虫害防治服务推广政策体系，引导家庭农场加深病虫害防治服务的采纳程度，向采纳时机早的家庭农场适当政策倾斜。

关键词：病虫害防治服务　福利效应　内生转换回归模型　多项处理效应模型

---

* 本文是国家自然科学基金青年项目“家庭农场绿色防控技术采纳决策及其福利效应研究”（编号：71803096）、教育部人文社会科学研究规划基金项目“病虫害防治服务：家庭农场需求、福利与政策研究”（编号：18YJA790024）、山东省自然科学基金面上项目“家庭农场病虫害绿色防控技术采纳行为研究：基于静态、动态和空间三维视角”（编号：ZR2018MG009）的阶段性研究成果。

** 于丽丽，日本龙谷大学经济学专业博士研究生，主要从事农业经济管理方面的研究；牛子恒，曲阜师范大学食品安全与农业绿色发展研究中心硕士研究生，主要从事农业经济管理方面的研究；高杨，曲阜师范大学食品安全与农业绿色发展研究中心教授，副主任，主要从事农业绿色发展等方面的研究，为本文通讯作者。

一　引言

当前，我国单位面积化学农药的平均用量是发达国家的 2.5 ~5 倍，[1] 且农户擅自加大化学农药使用量和使用频率以及缩短间隔期等不规范行为普遍存在。[2] 化学农药已由过去农作物“保量增产”的工具转变为新时代影响农产品质量安全、生态环境安全与农业生产安全的“罪魁祸首”之一。为此，我国提出坚持农药减量控害，力争到 2020 年农药使用量实现零增长。规范农户用药行为是实现化学农药减量控害的最基本路径，但这在短期内难以奏效，当务之急是大力推广病虫害防治服务。[3]

病虫害防治服务的顺利推广应用，不但离不开政策的支持与引导，更需要发挥市场机制的决定作用。农户福利提升既是病虫害防治服务得以顺利推广的必要前提，也是推广应用病虫害防治服务的重要目标。然而，在市场经济和农业现代化的政策体系冲击下，我国农户日益分化为传统农户和家庭农场。[4] 无论是在土地、资本和劳动等生产要素构成上，还是在户主劳动性质和产品属性上，家庭农场均不同于传统农户。[5] 适度规模的家庭农场是未来我国农业发展的趋势和走向，且在绿色发展方面对传统农户具有引领功能。[6]

因此，本文以黄淮海平原的 375 户粮食类家庭农场为例，基于可行能力理论（Capacity Approach Theory，CAT）和相关文献的主要结论，综合测评粮食类家庭农场福利水平。在此基础上，采用内生转换回归模型（Endogenous Switching Regression Model，ESRM），探讨粮食类家庭农场病虫害防治服务采纳行为的福利效应；并借助多项处理效应模型（Multinomial Treatment Effects Model，MTEM），验证粮食类家庭农场病虫害防治服务采纳程度和采纳时机的不同是否导致其福利产生差异。

较之于以往的研究，本文的主要贡献在于：第一，以粮食类家庭农场病虫害防治服务采纳行为的福利效应为例，拓展了现有研究对象；第二，探讨了粮食类家庭农场病虫害防治服务采纳行为对其综合福利的影响，全面反映了粮食类家庭农场病虫害防治服务采纳行为的福利效应；第三，关注了病虫害防治服务采纳程度和采纳时机不同而可能导致的粮食类家庭农场福利差异，深化了现有研究内容。

二 文献综述

要实证分析农户病虫害防治服务采纳行为对其福利的影响，必须首先明确什么是福利以及如何测度福利。对于福利的认识大致经历了三个阶段：第一阶段是以 Pigou 为代表的旧福利经济学，认为福利可分为经济福利和一般福利，经济福利可用货币直接度量，而一般福利无法度量。[7] 第二阶段是以 Kaldor、Hicks 为代表的新福利经济学，该阶段以帕累托最优为出发点，侧重于经济福利，认为经济变动会产生福利的受益者与受损者，通过对受损者进行福利补偿，那这种经济变动便可带来经济增长。[8,9] 第三阶段是以 Sen 为代表的现代福利经济学，该阶段延伸了福利的概念，认为福利不仅包含经济福利，还包含非经济福利。[10]

与福利认识的三个阶段相对应，出现了三种不同的福利测度形式。文洪星和韩青、Mmbando 等、Perge 和 McKay 在旧福利经济学框架下，以可用货币直接度量的经济指标，如家庭收入和消费支出，来测度农户福利。[11,12,13] 苗珊珊、罗超平等遵循新福利经济学的思想，以价格变动为出发点，纳入福利补偿的概念，以消费者剩余和生产者剩余来测度福利。[14,15] 高进云和乔荣锋、Li 等、魏玲和张安录则基于阿马蒂亚·森的可行能力理论，构建了除家庭经济状况外，包含居住状况、健康状况、社交状况、心理状况在内的指标体系来测度福利。[16,17,18,19]

在明确如何测度福利的基础上，现有研究聚焦于农户改良品种技术、雨水收集池技术、鱼米整合耕作系统、秸秆资源化利用技术、玉米－大豆轮作方式等采纳行为的福利效应。例如，Becerril 等发现，种植改良的玉米品种后，墨西哥农户跌到贫困线以下的概率会减少 19%～31%，且人均消费支出会增加 136～173 墨西哥比索；[20] 每增加 1% 的改良玉米的种植面积，马拉维农户家庭收入、玉米消费和资产持有量会分别提高 0.48%、0.34% 和 0.24%；[21] 东赞比亚农户人均消费支出会提高 52～59 美元。[22] 种植改良的鹰嘴豆和木豆品种后，埃塞俄比亚、坦桑尼亚农户家庭消费支出会分别提高 20.9% 和 99.4%。[23] 种植改良的小麦品种后，埃塞俄比亚农户家庭人均消费支出会提高 158.85 ~ 177.58 埃塞俄比亚比尔，且食品安全水平会提高 2.7% ~4.5%。[24] Zingiro 等指出，相比于未采纳雨水收集池技术的农户，采纳雨水收集池技术的卢旺达农户年收入要高 149 美元。[25] Islam 等认为，孟加拉国农户采纳鱼米整合耕作系统，家庭年收入比未采纳农户要高 22%，且水产品消费量是未采纳农户的 1.3 ~ 2 倍。[26] 颜廷武等[27] 证实，湖北农户采纳秸秆资源化利用技术，对其经济福利、生态福利、健康福利的提升程度分别为 16.7%、34.9% 和 45.6%。Manda 等[28] 的研究表明，较之于未采纳玉米 - 大豆轮作方式的农户，采纳玉米 - 大豆轮作方式的赞比亚农户生产成本会下降 26% ~32%。然而，农户采纳病虫害防治服务行为的福利效应研究尚未见诸报道。

此外，现有研究还存在以下有待深化之处：第一，随着经济社会的发展，福利的内涵向更多维的角度发展。但现有研究大多侧重于探讨农户采纳行为的经济福利效应，导致现有研究结论无法全面反映农户采纳行为的福利效应。第二，不同采纳程度和采纳时机的农户，其病虫害防治服务的采纳成本、病虫害防治效果以及面临的生产经营风险等可能会存在差异，进而可能会导致其福利产生差异。[29] 现有研究大多聚焦于分析农户采纳行为（采纳与否）的福利效应，但农户采纳程度和采纳时机对其福利的影响研究尚缺乏应有的关注。

三　研究方法

（一）内生转换回归模型

为揭示粮食类家庭农场病虫害防治服务采纳行为对其福利的影响，需要测算采纳病虫害防治服务的粮食类家庭农场福利的平均处理效应（Average Treatment-effect on the Treated，ATT）和未采纳病虫害防治服务的粮食类家庭农场福利的平均处理效应（Average Treatment-effect on the Untreated，ATU）。现有研究大多采用倾向得分匹配法（Propensity Score Matching，PSM）来测算 ATT 与 ATU。[30,31,32] 然而，倾向得分匹配法只能修正由可观测因素造成的样本选择偏差问题，对于不可观测因素却无能为力。[33] 因此，本文采用内生转换回归模型，以有效避免样本选择偏差问题。

内生转换回归模型分为两个阶段。

第一阶段需要构建决策方程，用于分析粮食类家庭农场病虫害防治服务采纳行为的影响因素，其具体形式为

$$P_i^* = Z_i\alpha + u_i \quad P_i = \begin{cases} 1, & P^* > 0 \\ 0, & P^* \leqslant 0 \end{cases} \tag{1}$$

式中，P_i 是粮食类家庭农场 i 病虫害防治服务采纳行为的观测值，$P = 1$ 表示采纳病虫害防治服务，$P = 0$ 表示不采纳病虫害防治服务。Z_i 表示粮食类家庭农场 i 病虫害防治服务采纳行为的影响因素向量，α 为 Z_i 的回归系数，u_i 为随机误差项。

第二阶段需要构建结果方程，用于分析粮食类家庭农场福利水平的影响因素，其具体形式为

$$\begin{aligned} Y_{i0} &= \gamma_0 X_{i0} + \varepsilon_{i0}, P = 0 \\ Y_{i1} &= \gamma_1 X_{i1} + \varepsilon_{i1}, P = 1 \end{aligned} \tag{2}$$

式中，Y_{i0} 与 Y_{i1} 分别表示未采纳病虫害防治服务与采纳病虫害防治服务的粮食类家庭农场福利水平，X_{i0} 与 X_{i1} 分别表示未采纳病虫害防治服务与采纳病虫害防治服务的粮食类家庭农场福利水平影响因素向量，γ_0 与 γ_1 分别是 X_{i0} 与 X_{i1} 的回归系数，ε_{i0} 与 ε_{i1} 为随机误差项。

然而，在实际情形中，我们无法同时测算出粮食类家庭农场 i 在采纳与不采纳病虫害防治服务两种情境下的福利水平，粮食类家庭农场 i 的福利水平属于哪一种情境取决于式（1）。若直接对式（2）进行 OLS 估计，将存在由可观测因素和不可观测因素共同造成的样本选择偏差问题，从而导致估计结果有偏。因此，本文充分考虑影响粮食类家庭农场福利水平的可能因素，通过减少遗漏变量方式来控制可观测因素造成的样本选择偏差问题。同时，对于不可观测因素造成的样本选择偏差问题，本文通过构建决策方程与结果方程误差项的协方差矩阵 $\boldsymbol{\Omega}$ 来进行纠正，即

$$\boldsymbol{\Omega} = \begin{bmatrix} \boldsymbol{\sigma}_u^2 & \boldsymbol{\sigma}_{u1} & \boldsymbol{\sigma}_{u0} \\ \boldsymbol{\sigma}_{u1} & \boldsymbol{\sigma}_1^2 & \boldsymbol{\sigma}_{u1} \\ \boldsymbol{\sigma}_{u0} & \boldsymbol{\sigma}_{u1} & \boldsymbol{\sigma}_0^2 \end{bmatrix} \tag{3}$$

式中，$\sigma_u^2 = \mathrm{Var}(u_i)$，$\sigma_1^2 = \mathrm{Var}(\varepsilon_{i1})$，$\sigma_0^2 = \mathrm{Var}(\varepsilon_{i0})$，$\sigma_{u1} = \mathrm{Cov}(u_i, \varepsilon_{i1})$，$\sigma_{u0} = \mathrm{Cov}(u_i, \varepsilon_{i0})$。由于决策方程的随机扰动项 u_i 和结果方程的随机误差项 ε_{i0}、ε_{i1} 存在相互关联关系，则 ε_{i0} 和 ε_{i1} 的条件期望可表示为

$$
\begin{aligned}
E(\varepsilon_{i1} \mid P = 1) &= \sigma_{u1}\frac{\phi(Z_i\alpha)}{\Phi(Z_i\alpha)} = \sigma_{u1}\lambda_{i1} \\
E(\varepsilon_{i0} \mid P = 0) &= -\sigma_{u0}\frac{\phi(Z_i\alpha)}{1-\Phi(Z_i\alpha)} = \sigma_{u0}\lambda_{i0}
\end{aligned}
\tag{4}
$$

式中，ϕ 与 Φ 分别表示标准的正态概率密度函数与累积分布函数。$\lambda_{i1} = \phi(Z_i\alpha)/\Phi(Z_i\alpha)$ 与 $\lambda_{i0} = -\phi(Z_i\alpha)/(1-\Phi(Z_i\alpha))$ 分别为采纳病虫害防治服务与未采纳病虫害防治服务的粮食类家庭农场逆米尔斯比率，可纠正不可观测因素引起的样本选择偏差问题。

将 ε_{i0} 和 ε_{i1} 的条件期望引入式（2），对结果方程进行修正后，可得

$$
\begin{aligned}
Y_{i0} &= \gamma_0 X_{i0} + \sigma_{u0}\lambda_{i0} + w_{i0} \quad 若\ P = 0 \\
Y_{i1} &= \gamma_1 X_{i1} + \sigma_{u1}\lambda_{i1} + w_{i1} \quad 若\ P = 1
\end{aligned}
\tag{5}
$$

式中，$\sigma_{u0}\lambda_{i0}$ 与 $\sigma_{u1}\lambda_{i1}$ 为样本选择偏差修正项，w_{i0} 与 w_{i1} 为随机误差项，其他部分含义与式（2）相同。此外，决策方程与结果方程随机误差项之间的协方差相关系数 $\rho_0(\sigma_{u0}/\sigma_u\sigma_0)$ 或 $\rho_1(\sigma_{u1}/\sigma_u\sigma_1)$ 显著不为零时，表明存在由不可观测因素引起的样本选择偏差问题，[34] 并采用完全信息极大似然法（Full Information Maximum Likelihood，FIML）进行估计。[35]

进而，在内生转换回归模型框架下，粮食类家庭农场福利处理效应为

$$
\begin{aligned}
E(Y_{i1} \mid P = 1; X) &= \gamma_1 X_{i1} + \sigma_{u1}\lambda_{i1} \quad \langle 1 \rangle \\
E(Y_{i0} \mid P = 0; X) &= \gamma_0 X_{i0} + \sigma_{u0}\lambda_{i0} \quad \langle 2 \rangle \\
E(Y_{i0} \mid P = 1; X) &= \gamma_0 X_{i1} + \sigma_{u0}\lambda_{i1} \quad \langle 3 \rangle \\
E(Y_{i1} \mid P = 0; X) &= \gamma_1 X_{i0} + \sigma_{u1}\lambda_{i0} \quad \langle 4 \rangle
\end{aligned}
\tag{6}
$$

式中，<1>与<2>分别表示采纳病虫害防治服务与未采纳病虫害防治服务的粮食类家庭农场福利处理效应，在实际情形中均可观测。<3>表示如果采纳病虫害防治服务的粮食类家庭农场放弃采纳该服务后的福利处理效应，<4>表示如果未采纳病虫害防治服务的粮食类家庭农场采纳该服务后的福利处理效应。由于<3>和<4>在实际情形中均不可观测，且与

事实不符，因而称为反事实；那么，采纳病虫害防治服务的粮食类家庭农场福利平均处理效应 ATT 为 $<1>$ 与 $<3>$ 之差，未采纳病虫害防治服务的粮食类家庭农场福利平均处理效应 ATU 为 $<4>$ 与 $<2>$ 之差，即

$$\begin{aligned} ATT &= <1> - <3> = E(Y_{i1} \mid P = 1) - E(Y_{i0} \mid P = 1) \\ &= X_{i1}(\gamma_1 - \gamma_0) + \lambda_{i1}(\sigma_{u1} - \sigma_{u0}) \\ ATU &= <4> - <2> = E(Y_{i1} \mid P = 0) - E(Y_{i0} \mid P = 0) \\ &= X_{i0}(\gamma_1 - \gamma_0) + \lambda_{i0}(\sigma_{u1} - \sigma_{u0}) \end{aligned} \tag{7}$$

（二）多项处理效应模型

为进一步验证粮食类家庭农场因病虫害防治服务采纳程度和采纳时机不同所引起的福利差异，本文将采纳病虫害防治服务的粮食类家庭农场按照采纳程度高（采纳时机早）与采纳程度低（采纳时机晚）进行归类，并分别与未采纳病虫害防治服务的粮食类家庭农场进行对照。此时，本文分别有两组决策变量，即采纳程度高（采纳时机早）与未采纳、采纳程度低（采纳时机晚）与未采纳，且存在固有的内生性问题。为估计多项内生处理变量对结果变量的影响，本文采用 Deb 和 Trivedi[36] 提出的多项处理效应模型（Multinomial Treatment Effect Model，MTEM）。

该模型同样包括决策方程与结果方程两个部分。决策方程用于估算粮食类家庭农场 i 选择采纳程度 m 的概率，其公式为

$$P(P_{vi} \mid Z_i, L_i) = \frac{\exp(Z_i^{'}\alpha_m + L_{im})}{1 + \sum_{k=1}^{M}\exp(Z_i^{'}\alpha_k + L_{ik})} \tag{8}$$

结果方程用于估计，与未采纳病虫害防治服务的粮食类家庭农场相比，粮食类家庭农场的采纳程度（采纳时机）不同对其福利的影响，其具体公式为

$$E(Y_i \mid P_{vi}, Z_i, L_i) = \gamma_i X_i + \sum_{m=1}^{M}\delta_m P_{vim} + \sum_{m=1}^{M}\lambda_m L_{im} \tag{9}$$

式中，P_{vi} 表示粮食类家庭农场 i 采纳程度（采纳时机）的观测值，其中，$P_{vi} = 1$，表示采纳程度高（采纳时机早）或采纳程度低（采纳时机晚），

$P_{vi} = 0$ 表示未采纳。$m = 0,1,2$，分别表示未采纳、采纳程度高（采纳时机早）和采纳程度低（采纳时机晚）。$Z_i^{'}$ 表示粮食类家庭农场 i 病虫害防治服务采纳行为的影响因素向量，α_m 为 $Z_i^{'}$ 的回归系数。δ_m 是较之于未采纳病虫害防治服务的粮食类家庭农场而言，粮食类家庭农场 i 选择 m 的福利效应回归系数。L_{im} 表示影响粮食类家庭农场 i 选择 m 及其福利效应的不可观测因素，λ_m 为 L_{im} 的回归系数。

四　变量选取、测量与数据说明

（一）变量选取与测量

1. 家庭农场福利水平

Sen 于 20 世纪 80 ~ 90 年代提出可行能力理论，重新定义了福利的概念。一个人的可行能力指此人有可能实现的、各种可能的功能性活动组合。[19] 功能包括一个人生活中的活动或所处的状态，例如拥有健康的身体、良好的人际关系以及能够得到适当的休闲等。如果从生活中获得的功能性活动组成了一个人的福利，能力则反映了此人可以获得福利的真正机会和拥有在不同生活方式中做出选择的自由。Sen 考察了评价福利的六个方面的功能性活动：收入水平、居住条件、健康状况、教育和知识、社交以及心理状况。本文以森的理论为基本框架，并结合本文的研究主题，进行相应修正，从经济状况、社会保障、健康与休闲和心理状况出发，构建家庭农场福利指标体系。进而，采用模糊综合评价法，测算家庭农场福利水平。①

（1）经济状况。虽然理论上以经济状况作为福利的替代品存在很多缺陷，但其仍然是反映福利水平的一个重要方面。[37] 徐斌和应瑞瑶[38] 发现，与未采纳病虫害防治服务的农户相比，采纳病虫害防治服务的农户平均增产 90.22 斤/亩，且成本平均下降 40.98 元/亩。鉴于此，本文选取亩均耕作净收入来反映粮食类家庭农场经济状况。

（2）社会保障。社会保障是构成农户福利的重要方面。Devereux 认

① 限于篇幅，具体方法介绍和测算结果讨论从略。

为，农业保险也是一种有效的社会保障手段。[39]采纳病虫害防治服务的粮食类家庭农场为减少其与病虫害防治服务组织之间的信息不对称导致的额外风险而更积极参保。故本文选取是否参保来评价粮食类家庭农场社会保障状况。

（3）健康与休闲。参与休闲活动与保持良好的健康状况均会增进人的福利。[40]采纳病虫害防治服务的农户，无须再面对化学农药的健康威胁，且省去了用于病虫害防治的作业时间，获得更多参与休闲活动的时间。[41]鉴于此，本文通过健康状况、休闲时间多寡来测度粮食类家庭农场健康与休闲状况。

（4）心理状况。心理因素虽然不易被量化，但人们对于事物的感受依然是其福利的重要组成部分。[42]高进云和乔荣锋指出，农户对生活质量的满意度是体现其心理状况的重要方面。[43]粮食类家庭农场采纳病虫害防治服务后，不仅收益会得以提升，也会获得更多的休闲时间，因而农场主可能对生活质量更加满意。因此，本文选取生活质量满意程度作为评价粮食类家庭农场心理状况的具体指标。

此外，在粮食类家庭农场福利指标的测量方面，亩均耕作净收入基于“近三年的平均值”① 来测量；是否参保采用“参保 =1，不参保 =0”来取值；其他变量皆采用李克特 7 级量表进行测量。

2. 处理变量

本文的处理变量包括粮食类家庭农场病虫害防治服务采纳行为、采纳程度和采纳时机。就采纳行为而言，本文通过“采纳 =1，不采纳 =0”来取值。就采纳程度而言，本文参照陈欢等[41]的研究，将粮食类家庭农场采纳包药防治服务，定义为采纳程度低；将粮食类家庭农场采纳全承包防治服务，定义为采纳程度高。此外，本文通过粮食类家庭农场主对采纳时机早、晚的主观感受来反映其采纳时机。

3. 控制变量

基于计划行为理论和相关文献的主要研究结论，[44,45]本文选取年龄、

---

① 如粮食类家庭农场的经营时间少于三年，则从开始经营的日期算起；如粮食类家庭农场采纳病虫害防治服务的时间少于三年，则从开始采纳的日期算起。

性别、受教育程度、风险偏好程度、劳动力数量、经营耕地面积、资金状况、与乡邻交流频率、媒体宣传力度、农产品质量安全监管力度、服务价格和交易成本作为决策方程和结果方程的控制变量。除性别、年龄、受教育程度、劳动力数量和经营耕地面积分别通过“男＝1，女＝0”“2017年的实际年龄”“实际受教育年限”“家庭成员中具有劳动能力的人数与长期雇工数总和”和“2017年的实际经营耕地面积”来取值外，其余变量均采用李克特7级量表进行取值。

4. 识别变量

为了保证决策方程和结果方程的可识别性，要求决策方程中至少有一个自变量不包含在结果方程中。[46]因此，本文参照Di Falco等[47]的研究，选取距最近病虫害防治服务组织的距离作为识别变量，并对其稳健性进行了检验①。除识别变量外，决策方程与结果方程的特征变量通常一致。[48]

（二）数据说明

1. 数据来源

本文选取黄淮海平原的河北、河南、安徽、山东和江苏五省进行调研。其原因在于：一是上述五省的粮食产量占我国粮食总产量的34.2%，是我国重要的粮食生产基地。② 二是上述五省的家庭农场数量呈“井喷式”增长，各省在工商部门注册的家庭农场均逾万户。三是上述五省的示范防治组织数量占全国总数的26.8%，防治组织发展势头良好。③ 四是上述五省病虫害疫情多发，病虫害防治服务的市场需求巨大。[49]因此，选取该地区展开调研具有一定的代表性。

调研分为两个阶段进行。第一阶段为预调研，于2017年6月在山东省随机选取了30户粮食类家庭农场进行入户访谈。根据预调研结果，对调查问卷中存在的不足予以完善。第二阶段为正式调研，于2017年7～9月，

---

① 检验结果表明，识别变量有效，其在决策方程中显著［$\chi^2=169$（$p=0.003$）］，但在结果方程中不显著［$F=1.07$（$p=0.374$）］。

② 资料来源于国家统计局编《中国统计年鉴2016》，中国统计出版社，2016。

③ 农业部：《农业部办公厅关于印发第一批全国农作物病虫害专业化统防统治示范组织名单的通知》，http://www.moa.gov.cn/zwllm/tzgg/tfw/201107/t20110715_2057594.htm。

采取三阶段随机抽样的方法。首先，在每个省份随机选取 2 个地级市；其次，在每个地级市随机选取 2 个县（市、区）；最后，在各县（市、区）随机选取 20 户粮食类家庭农场进行问卷调查。为了保证问卷质量，调研组采用接受过培训的研究生和高年级本科生直接入户访谈的方式填写。共发放问卷 400 份，剔除忽视重要信息、填写不规范及作答明显有误的问卷，最终获得有效问卷 375 份，问卷有效率为 93.75%。

2. 描述性统计

如表 1 所示，在 375 户粮食类家庭农场中，采纳病虫害防治服务的粮食类家庭农场有 135 户、占比为 36%，采纳病虫害防治服务程度低的家庭农场有 90 户、占比为 24%，采纳病虫害防治服务时机晚的家庭农场有 105 户、占比为 28%，这与我国病虫害防治服务普及率较低，且更多采纳程度低和采纳时机晚的现状基本吻合。

从粮食类家庭农场特征变量的描述性统计分析结果来看，男性、年富力强、中等受教育水平的家庭农场主居多；经营耕地面积为 50 ~ 150 亩、劳动力人数为 6 人的家庭农场占比最大。就上述指标而言，本次调研与 2015 年农业部对 2903 户家庭农场的监测结果相一致，说明本次调研结果具有一定的代表性。

表 1　变量的描述性统计

变量类型	变量名	变量取值	均值	标准差
被解释变量	福利水平	模糊综合评价指数	0.44	0.37
处理变量	病虫害防治服务采纳行为	采纳 = 1；未采纳 = 0	0.36	0.48
	采纳程度高	采纳全承包防治服务 = 1；否则 = 0	0.12	0.32
	采纳程度低	采纳包药防治服务 = 1；否则 = 0	0.24	0.42
	采纳时机早	感觉采纳病虫害防治服务较早 = 1；否则 = 0	0.08	0.27
	采纳时机晚	感觉采纳病虫害防治服务较晚 = 1；否则 = 0	0.28	0.45
控制变量	年龄	2017 年的实际年龄（岁）	45.16	13.57
	性别	男 = 1；女 = 0	0.82	0.38
	受教育程度	实际受教育年限	9.26	4.51

续表

变量类型	变量名	变量取值	均值	标准差
控制变量	风险偏好程度	非常厌恶 =1；很厌恶 =2；比较厌恶 =3；一般 =4；比较偏好 =5；很偏好 =6；非常偏好 =7	3.67	2.19
	劳动力数量	家庭成员中具有劳动能力的人数与长期雇工数总和（人）	6.09	3.81
	经营耕地面积	2017 年的实际耕地面积（亩）	122.34	46.78
	资金状况	非常匮乏 =1；很匮乏 =2；比较匮乏 =3；一般 =4；比较充裕 =5；很充裕 =6；非常充裕 =7	4.09	2.54
	与乡邻交流频率	非常低 =1；很低 =2；比较低 =3；一般 =4；比较高 =5；很高 =6；非常高 =7	3.78	2.61
	媒体宣传力度	非常小 =1；很小 =2；比较小 =3；一般 =4；比较大 =5；很大 =6；非常大 =7	4.83	2.93
	农产品质量安全监管力度	非常小 =1；很小 =2；比较小 =3；一般 =4；比较大 =5；很大 =6，非常大 =7	3.21	1.07
	服务价格	非常低 =1；很低 =2；比较低 =3；一般 =4；比较高 =5；很高 =6；非常高 =7	5.19	3.66
	交易成本	非常低 =1；很低 =2；比较低 =3；一般 =4；比较高 =5；很高 =6；非常高 =7	5.38	3.47
识别变量	距最近病虫害防治服务组织的距离	距最近病虫害防治服务组织的实际距离（km）	11.08	5.19

由表 2 可知，较之于未采纳病虫害防治服务的粮食类家庭农场，采纳病虫害防治服务的粮食类家庭农场福利指标均值都要大，采用模糊综合评价法所测算的福利水平均值也要高，且上述差异显著，这粗略地表明病虫害防治服务有助于粮食类家庭农场福利提升。然而，要具体说明粮食类家庭农场病虫害防治服务采纳行为的福利效应，还需要采用严谨的计量方法。

表 2　粮食类家庭农场福利指标的描述性统计

变量类型	变量名称	取值	未采纳（$N=240$）	采纳（$N=135$）	差异
结果变量	福利水平	模糊综合评价指数	0.39（0.03）	0.45（0.05）	0.06***
经济状况	亩均耕作净收入	近三年均值（百元/亩）	6.95（0.12）	8.47（0.13）	1.52***
社会保障	是否参保	参保 =1，没参保 =0	0.33（0.03）	0.57（0.04）	0.24**
健康与休闲	健康状况	非常差 =1；很差 =2；比较差 =3；一般 =4；比较好 =5；很好 =6；非常好 =7	4.51（0.13）	5.86（0.15）	1.35***
健康与休闲	休闲时间多寡	非常少 =1；很少 =2；比较少 =3；一般 =4；比较多 =5；很多 =6；非常多 =7	2.87（0.08）	3.47（0.07）	0.60***
心理状况	生活质量满意程度	非常不满意 =1；很不满意 =2；比较不满意 =3；一般 =4；比较满意 =5；很满意 =6；非常满意 =7	3.29（0.12）	4.86（0.14）	1.57***

注：*、**、*** 分别表示在 10%、5%、1% 水平下显著，括号内数字为标准差。

五　估计结果

（一）内生转换回归模型的估计结果

如表 3 所示，方程的独立性 LR 检验显著拒绝了决策方程与结果方程相互独立的假设，且 ρ_1 在 1% 的水平下显著不为零，这说明存在不可观测因素同时影响粮食类家庭农场病虫害防治服务采纳行为和福利水平。因此，有必要构建内生转换回归模型进行修正和估计。

从决策方程的估计结果来看，性别、受教育程度、风险偏好程度、劳动力数量、资金状况、媒体宣传力度、距最近病虫害防治组织的距离、服务价格和交易成本显著影响家庭农场病虫害防治服务采纳行为。①此外，

① 鉴于现有研究对原因进行了详细探讨，限于篇幅，本文不再赘述。

表 3　内生转换回归模型的估计结果

变量名称	决策方程	结果方程	
		未采纳	采纳
性别	0.025* (0.014)	0.164 (0.133)	-0.217 (0.241)
年龄	-0.018 (0.127)	-0.117** (0.056)	-0.212** (0.091)
受教育程度	0.048** (0.023)	0.223*** (0.071)	0.175*** (0.049)
风险偏好程度	0.069** (0.034)	-0.029 (0.038)	-0.041 (0.032)
劳动力数量	-0.196* (0.115)	0.072** (0.035)	0.068** (0.031)
经营耕地面积	-0.174 (0.169)	0.049 (0.041)	-0.032 (0.027)
资金状况	0.062*** (0.019)	0.089*** (0.026)	0.073*** (0.024)
与乡邻交流频率	-0.076 (0.107)	0.015 (0.017)	0.027 (0.039)
媒体宣传力度	0.053** (0.025)	0.104 (0.125)	0.113 (0.143)
农产品质量安全监管力度	0.139 (0.117)	0.137 (0.159)	0.154 (0.164)
服务价格	-0.156** (0.076)	-0.135 (0.191)	-0.128*** (0.038)
交易成本	-0.085* (0.047)	-0.164 (0.187)	-0.157** (0.069)
距最近病虫害防治组织的距离	-0.038*** (0.013)	—	
常数项	-4.135*** (1.372)	2.763*** (0.914)	-5.961*** (1.396)
$\ln\sigma_{u0}$	—	-0.571*** (0.114)	—
ρ_0	—	-1.079 (1.237)	—
$\ln\sigma_{u1}$	—	—	-0.824*** (0.271)
ρ_1	—	—	0.851*** (0.249)
LR test of indep. eqns.	4.458***	—	—
Log likelihood	-598.42	—	—
样本数量	375	375	

注：*、**、*** 分别表示在 10%、5%、1% 水平下显著，括号内数字为稳健标准差。

年龄、与乡邻交流频率、经营耕地面积和农产品质量安全监管力度并未产生显著影响，其可能的原因为：一是本次调研样本中家庭农场主大多为年富力强者，其年龄差异并不明显。二是我国传统乡邻交流更多是茶余饭后的闲谈。[50] 三是当经营耕地面积超过临界点后，粮食类家庭农场均有动力采纳病虫害防治服务。就我国粮食类家庭农场而言，其经营耕地面积均达到了各地地方政府规定的规模标准并相对稳定。四是粮食类家庭农场不管农产品质量安全监管力度如何变化，其都会以盈利为根本目的，采取“面向消费者、面向市场、面向未来”的经营策略，在时机合适时通过采纳病虫害防治服务来实现节本增收。

从结果方程的估计结果来看，无论粮食类家庭农场病虫害防治服务采纳与否，受教育程度、劳动力数量、资金状况显著正向影响粮食类家庭农场福利水平，年龄则产生显著负向影响。其原因在于：第一，家庭农场主的受教育程度越高，其决策能力、有效配置资源能力、运用相关扶持政策能力越强，从而粮食类家庭农场福利水平越高。第二，粮食类家庭农场的劳动力数量越多，越不会耽误农时、影响产量，且获得的休闲时间越多。第三，资金状况越好的粮食类家庭农场，获得信贷越容易，且社会经济地位越高，生活质量满意度也越高。第四，随着农场主年龄的增大，一方面，其学习及认知能力逐渐下降，管理能力严重不足，造成粮食类家庭农场经济状况下滑；另一方面，其自身健康状况会出现问题，并导致生活质量满意度下降。

此外，对于采纳病虫害防治服务的粮食类家庭农场而言，服务价格和交易成本越高，越会减少其亩均净收入，从而对其福利水平产生显著负向影响；性别、风险偏好程度、与乡邻交流频率、经营耕地面积、媒体宣传力度与农产品质量安全监管力度并未对采纳和未采纳病虫害防治服务的粮食类家庭农场福利水平产生显著影响。

（二）粮食类家庭农场福利的平均处理效应

由表 4 可知，采纳病虫害防治服务的粮食类家庭农场福利处理效应值为 0.415，未采纳病虫害防治服务的粮食类家庭农场福利处理效应值为 0.336。如果采纳病虫害防治服务的粮食类家庭农场放弃采纳该服务后的福利处理效应值为 0.382，如果未采纳病虫害防治服务的粮食类家庭农场采纳该服务后的福利处理效应值为 0.361，则采纳病虫害防治服务的粮食类家庭农场福利平均处理效应（ATT）为 0.033，未采纳病虫害防治服务的粮食类家庭农场福利平均处理效应（ATU）为 0.025。如果采纳病虫害防治服务的粮食类家庭农场放弃采纳该服务，将造成 8.63% 的福利损失；如果未采纳病虫害防治服务的粮食类家庭农场采纳该服务后，其福利水平将提升 7.44%。因此，病虫害防治服务有助于提升粮食类家庭农场福利水平。

表 4　粮食类家庭农场福利的平均处理效应

结果变量	家庭农场类型与处理效应	决策状态		平均处理效应	t 值	变化（%）
		未采纳	采纳			
福利水平	采纳病虫害防治服务的粮食类家庭农场（ATT）	0.382（0.173）	0.415（0.214）	0.033***（0.009）	3.67	8.63
	未采纳病虫害防治服务的粮食类家庭农场（ATU）	0.336（0.129）	0.361（0.175）	0.025***（0.007）	3.57	7.44

注：*、**、*** 分别表示在 10%、5%、1% 水平下显著，括号内数字为标准差。

（三）多项处理效应模型的估计结果①

多项处理效应模型的估计结果如表 5 所示，与未采纳病虫害防治服务的粮食类家庭农场相比，病虫害防治服务采纳程度高与低的粮食类家庭农场福利水平分别提升 8.98% 与 7.36%，即病虫害防治服务采纳程度的不同，会导致粮食类家庭农场福利水平不同。换言之，与采纳包药防治服务的粮食类家庭农场相比，采纳全承包防治服务的粮食类家庭农场福利效应更大。其原因主要在于，相比于仅采纳包药防治的家庭农场，采纳全承包防治服务的家庭农场更能够减少农药重复、低效率投入，从而实现节本增收，并获得更多的闲暇。[41]

表 5　多项处理效应模型的估计结果

变量名称	模型 1（采纳程度）	变量名称	模型 2（采纳时机）
采纳程度低	0.082**（0.037）	采纳时机早	0.105**（0.045）
采纳程度高	0.119***（0.027）	采纳时机晚	0.148***（0.036）
性别	0.104（0.112）	性别	-0.129（0.116）
年龄	-0.017**（0.008）	年龄	-0.023*（0.013）
受教育程度	0.034***（0.011）	受教育程度	0.048***（0.013）
风险偏好程度	-0.017（0.021）	风险偏好程度	-0.023（0.027）
劳动力数量	0.036**（0.017）	劳动力数量	0.042**（0.019）
经营耕地面积	0.092（0.117）	经营耕地面积	0.076（0.129）
资金状况	0.161**（0.072）	资金状况	0.173**（0.078）

① 限于篇幅，多项处理效应模型的决策方程估计结果讨论从略。

续表

变量名称	模型 1（采纳程度）	变量名称	模型 2（采纳时机）
与乡邻交流频率	0.081（0.102）	与乡邻交流频率	0.069（0.073）
媒体宣传力度	0.216（0.244）	媒体宣传力度	0.144（0.137）
农产品质量安全监管力度	0.149（0.155）	农产品质量安全监管力度	0.158（0.171）
服务价格	-0.136**（0.058）	服务价格	-0.148*（0.086）
交易成本	-0.097**（0.041）	交易成本	-0.129**（0.056）
常数项	3.743***（1.215）	常数项	4.129***（1.319）
λ（采纳程度低）	0.384***（0.097）	λ（采纳时机早）	0.517**（0.253）
λ（采纳程度高）	0.417**（0.179）	λ（采纳时机晚）	0.219**（0.106）
样本量	375	样本量	375

注：*、**、*** 分别表示在 10%、5%、1% 水平下显著，括号内数字为稳健标准差。

此外，与未采纳病虫害防治服务的粮食类家庭农场相比，采纳病虫害防治服务时机早和晚的粮食类家庭农场福利水平分别提升 11.07% 和 15.95%，即采纳时机晚比采纳时机早对粮食类家庭农场福利水平提升更大。其可能的原因在于：第一，较之于采纳时机早的家庭农场，采纳时机晚的家庭农场在选择“质优价廉”的病虫害防治服务组织时，有更多的经验可循，从而大大节约了交易成本。第二，病虫害防治服务组织需要因地制宜制定有效的病虫害防治方案，而采纳时机早的家庭农场往往成为“试金石”。

六 主要结论与政策建议

本文借助内生转换回归模型和多项处理效应模型，探讨了家庭农场病虫害防治服务采纳与否、采纳程度及采纳时机的福利效应。内生转换回归模型的估计结果表明：病虫害防治服务有助于提升家庭农场福利水平。多项处理效应模型的估计结果表明：与采纳程度低的家庭农场相比，采纳程度高的家庭农场福利效应更大；与采纳时机早的家庭农场相比，采纳时机晚的家庭农场福利效应更大。

本文的主要研究结论在为我国大力推广病虫害防治服务提供理论支撑的同时，还蕴含着以下政策含义。

一是建立健全病虫害防治服务推广政策体系。通过加大宣传力度、改善融资环境、提升培训效果、强化家庭农场主的再教育力度、优化市场环境等，建立健全病虫害防治服务推广政策体系，从而改善粮食类家庭农场的内外部条件，为其采纳病虫害防治服务减少阻碍和压力。

二是重点引导粮食类家庭农场采纳全承包防治服务。对于采纳全承包防治服务的粮食类家庭农场，给予高于仅采纳包药防治服务的粮食类家庭农场的补贴额度，提高粮食类家庭农场采纳全承包防治服务的积极性；充分利用农村基层组织，辅之以微博、微信等新媒体平台，全面宣传全承包防治服务给粮食类家庭农场带来的福利效应，使全承包防治服务的观念深入人心。

三是向采纳时机早的粮食类家庭农场适当政策倾斜。对采纳时机早的粮食类家庭农场进行表彰和宣传，提升采纳时机早的粮食类家庭农场福利获得感；在信贷、保险、教育培训等政策制定方面，优先考虑采纳时机早的粮食类家庭农场，尽可能降低粮食类家庭农场因较早采纳而可能存在的经营风险。

参考文献

[1] Jin J.，Wang W.，He R.，et al.，“Pesticide Use and Risk Perceptions among Small-scale Farmers in Anqiu County，China，” *International Journal of Environmental Research and Public Health*，2017，14（1）：29.

[2] Gao Y.，Zhao D. Y.，Yu L. L.，et al.，“Duration Analysis on the Adoption Behavior of Green Control Techniques among Chinese Farms，” *Environmental Science and Polllution Research*，2019，26（7）：6319－6327.

[3] 应瑞瑶、徐斌：《农作物病虫害专业化防治服务对农药施用强度的影响》，《中国人口·资源与环境》2017 年第 8 期。

[4] Gao Y.，Zhang X.，Wu L.，et al，“Resource Basis，Ecosystem and Growth of Grain Family Farm in China：Based on Rough Set Theory and Hierarchical Linear Model，” *Agricultural Systems*，2017，154：157－167.

[5] 高强、刘同山、孔祥智：《家庭农场的制度解析：特征、发生机制与效应》，《经济学家》2013 年第 6 期。

[6] 何秀荣：《关于我国农业经营规模的思考》，《农业经济问题》2016 年第 9 期。

[7] Pigou A. C., *The Economics of Welfare* (London: The Macmillan Company, 1932).

[8] Kaldor N., "Welfare Propositions of Economics and Interpersonal Comparisons of Utility," *Economic Journal*, 1939, 49.

[9] Hick J. R., *Value and Capital: A Inquiry into some Fundamental Principles of Economic Theory* (Oxford: Clarendon Press, 1939).

[10] Sen A., *Commodities and capabilities* (Oxford: Oxford Univesity Press, 1999).

[11] 文洪星、韩青:《食品安全规制能提高生产者福利吗?——基于不同规制强度的检验》,《经济与管理研究》2018 年第 7 期。

[12] Mmbando F. E., Wale E. Z., Baiyegunhi L. J. S., "Welfare Impacts of Smallholder Farmers' Participation in Maize and Pigeonpea Markets in Tanzania," *Food Security*, 2015, 7 (6): 1211 - 1224.

[13] Perge E., McKay A., "Forest Clearing, Livelihood Strategies and Welfare: Evidence from the Tsimane' in Bolivia," *Ecological Economics*, 2016, 126: 112 - 134.

[14] 苗珊珊:《中国粮食价格波动的农户福利效应研究》,《资源科学》2014 年第 2 期。

[15] 罗超平、牛可、张梓榆、但斌:《粮食价格波动与主产区农户福利效应——基于主产区省际面板数据的分析》,《中国软科学》2017 年第 2 期。

[16] 高进云、乔荣锋:《农地城市流转前后农户福利变化差异分析》,《中国人口·资源与环境》2011 年第 1 期。

[17] Li H., Huang X. J., Kwan M. P., et al., "Changes in Farmers' Welfare from Land Requisition in the Process of Rapid Urbanization," *Land Use Policy*, 2015, 42: 635 - 641.

[18] 魏玲、张安录:《农地城市流转农户福利变化与福利测度差异》,《中国土地科学》2016 年第 10 期。

[19] 阿马蒂亚·森:《以自由看待发展》,任赜、于真译,中国人民大学出版社,2002。

[20] Becerril J., Abdulai A., "The Impact of Improved Maize Varieties on Poverty in Mexico: A Propensity Score-matching Approach," *World Development*, 2010, 38 (7): 1024 - 1035.

[21] Bezu S., Kassie G. T., Shiferaw B., et al., "Impact of Improved Maize Adoption on Welfare of Farm Household in Malawi: A Panel Data Analysis," *World Development*, 2014, 59: 120 - 131.

[22] Khonje M., Manda J., Alene A. D., et al., "Analysis of Adoption and Impacts of Improved Maize Varieties in Eastern Zambia," *World Development*, 2015, 66: 695 - 706.

[23] Asfaw S., Shiferaw B., Simtowe F., et al., "Impact of Modern Agricultural Technologies on Smallholder Welfare: Evidence from Tanzania and Ethiopia," *Food Policy*, 2012, 37: 283 - 295.

[24] Shiferaw B., Kassie M., Jaleta M., et al., "Adoption of Improved Wheat Varieties and Impacts on Household Food Security in Ethiopia," *Food Policy*, 2014, 44: 272 - 284.

[25] Zingiro A., Okello J. J., Guthiga P. M., "Assessment of Adoption and Impact of Rainwater Harvesting Technologies on Rural Farm Household Income: The Case of Rainwater Harvesting Ponds in Rwanda," *Environment Development & Sustainability*, 2014, 16 (6): 1281 - 1298.

[26] Saiful Islam A. H. M., Barman B. K., Murshed-E-Jahan K., "Adoption and Impact of Integrated Rice-fish System in Bangladesh," *Aquaculture*, 2017, 445: 76 - 85.

[27] 颜廷武、何可、崔蜜蜜、张俊彪：《农民对作物秸秆资源化利用的福利响应分析——以湖北省为例》，《农业技术经济》2016 年第 4 期。

[28] Manda J., Alene A. D., Mukuma C., et al., "Ex-ante Welfare Impacts of Adopting Maize-soybean Rotation in Eastern Zambia", *Agriculture, Ecosystems and Environment*, 2017, 249: 22 - 30.

[29] Tambo J., Wünscher T., "Farmer-led Innovations and Rural household Welfare: Evidence from Ghana," *Journal of Rural Studies*, 2017, 55: 263 - 274.

[30] Owusu V., Abdulai A., Abdul-Rahman S., "Non-farm Work and Food Security among Farm Households in Northern Ghana," *Food Policy*, 2011, 36: 108 - 118.

[31] Kassie M., Shfieraw B., Muricho G., "Agricultural Technology, Crop Income, and Poverty Alleviation in Uganda," *World Development*, 2011, 39 (10): 1784 - 1795.

[32] Kebebe E., Shibru F., "Impact of Alternative Livelihood Interventions on Household Welfare: Evidence from Rural Ethiopia," *Forest Policy and Economics*, 2017, 75: 67 - 72.

[33] Fischer E., Qaim M., "Linking Smallholders to Markets: Determinants and Impacts of Farmer Collective Action in Kenya," *World Development*, 2012, 40 (6): 1255 - 1268.

[34] Ma W., Abdulai A., "Does Cooperative Membership Improve Household Welfare? Evidence from Apple Farmers in China," *Food Policy*, 2016, 58: 94 - 102.

[35] Lokshin M., Sajaia Z., "Maximum Likelihood Estimation of Endogenous Switching Regression Models," *Stata Journal*, 2004, 4 (3): 282 - 289.

[36] Deb P., Trivedi P. K., "Specification and Simulated Likelihood Estimation of a Non-

normal Treatment-outcome Model with Selection: Application to Health Care Utilization," *The Econometrics Journal*, 2006, 9 (2): 307 - 331.

[37] Kawanaka T., "Making Democratic Governance Work: How Regimes Shape Prosperity Welfare, and Peace," *Developing Economies*, 2014, 52 (1): 88 - 90.

[38] 徐斌、应瑞瑶:《基于委托 - 代理视角的农业社会化服务满意度评价研究——以病虫害统防统治为例》,《中国软科学》2015 年第 5 期。

[39] Devereux S., "Social Protection for Enhanced Food Security in Sub-Saharan Africa," *Food Policy*, 2016, 60: 52 - 62.

[40] Kariom S. A., Eikemo T. A., Bambra C., "Welfare State Regimes and Population Health: Integrating the East Asian welfarestate," *Health Policy*, 2010, 94 (1): 45 - 53.

[41] 陈欢、周宏、吕新业:《农户病虫害统防统治服务采纳行为的影响因素——以江苏省水稻种植为例》,《西北农林科技大学学报(社会科学版)》2018 年第 5 期。

[42] Bonnefon J. F., "New Ambitions for a New Paradigm: Putting the Psychology of Rea-Soning at the Service of Humanity," *Thinking & Reasoning*, 2013, 19: 381 - 398.

[43] 高进云、乔荣锋:《土地征收前后农民福利变化测度与可行能力培养——基于天津市 4 区调查数据的实证研究》,《中国人口·资源与环境》2016 年第 26 卷第 11 期。

[44] 张晓敏、姜长云:《不同类型农户对农业生产性服务的供给评价和需求意愿》,《经济与管理研究》2015 年第 8 期。

[45] 李容容、罗小锋、薛龙飞:《种植大户对农业社会化服务组织的选择:营利性组织还是非营利性组织?》,《中国农村观察》2015 年第 5 期。

[46] Coromaldi M., Pallante G., Savastano S., "Adoption of Modern Varieties, Farmers' Welfare and Crop Biodiversity: Evidence from Uganda," *Ecological Economics*, 2015, 119: 346 - 358.

[47] Di Falco S., Veronesi M., Yesuf M., "Does Adaptation to Climate Change Provide Food Security? A Micro-perspective from Ethiopia," *American Journal of Agricultural Economics*, 2011, 93 (3): 825 - 842.

[48] 刘同山:《农民合作社的幸福效应:基于 ESR 模型的计量分析》,《中国农村观察》2017 年第 4 期。

[49] Gao Y., Li P., Wu L., et al., "Support Policy Preferences of For-profit Pest Control Firms in China," *Journal of Clean Production*, 2018, 181: 809 - 818.

[50] Gao Y., Zhang X., Lu J., et al., "Adoption Behavior of Green Control Techniques by Family Farms in China: Evidence from 676 Family Farms in Huang-huai-hai plain," *Crop Protection*, 2017, 99: 76 - 84.

基于不同类型农产品竞争的有机农场渠道入侵策略研究*

浦徐进　许子敏**

摘　要： 针对关于我国有机农产品销售渠道的探索，利用 Stackelberg 博弈模型刻画有机农产品进入市场与普通农产品竞争时的入侵策略选择，分析有机农产品入侵市场时选择不同超市进行销售对有机农产品和普通农产品之间竞争的影响，进而对比不同的入侵策略对整个农产品供应链成员的影响。研究结果表明：当有机农产品通过普通超市和普通农产品一起销售时，有机农场和普通农场所获利润较低，但普通超市所获利润较高；而当有机农产品单独通过精品有机超市销售时，有机农场和普通农场的利润都将得到提高，但零售端的利润将减少。同时，本文用数值仿真验证了模拟分析的结果。

关键词： 普通农产品　有机农产品　市场竞争　渠道入侵

一　引言

随着生活水平不断提高，消费者对农产品品质要求也越来越高，优质、安全、健康的绿色有机农产品越来越受到消费者的青睐。截止到 2016 年，全球约 178 个国家拥有有机农业耕地，有机农业耕地面积达 5780 万公

---

* 本文是国家自然科学基金面上项目"'社区支持农业'共享平台的运作机理与优化策略研究"（编号：71871105）的阶段性研究成果。

** 浦徐进，博士，江南大学商学院教授，主要从事农产品供应链管理等方面的研究；许子敏，江南大学商学院硕士研究生，主要从事农产品供应链管理等方面的研究。

顷，其市场规模已达897亿美元。[1]中投顾问产业研究中心发布的《2018～2022年中国有机农业深度调研及投资前景预测报告》显示，2018年我国有机农业种植面积将达到218万公顷，未来五年（2018～2022年）年均复合增长率约为13.74%，2022年将达到365万公顷。

在我国普通农产品供应链中，普通农户生产的普通农产品一般经由普通超市售卖，而有机农场生产的有机农产品既可以通过普通超市售卖，也可以通过精品有机超市售卖。2014年开始，从北京、上海、广州等一线城市，陆续到浙江、湖北、山东、海南、江苏等地的二三线城市乃至江浙一带发达的乡镇，有机超市的出现引发了部分有消费能力市民的追捧。那么，有机农产品进行渠道入侵时，到底是选择普通超市还是有机超市？不同的渠道入侵方式将如何影响有机农场和普通农场的获利水平？消费者福利水平又会有哪些变化？对于上述问题的回答，将能够为有机农场的市场运营提供决策借鉴。

二　文献综述

与本文密切相关的文献主要有三个部分：农产品供应链管理，有机农产品的消费行为和替代性产品的竞争渠道研究。

与传统的制造型供应链相比，农产品供应链具有鲜明的特征，因此其运作机制也有特殊性。Widode等[2]探讨了一种有效的农产品供应链管理模式，他们构建了一种播种－收获－交付的特殊生鲜农产品供应链模型以减少生鲜农产品的损耗，进而满足消费者需求。Tang等[3]构建了一个古诺竞争模型来分析农户是否应该利用市场信息来改进他们的生产计划，研究表明市场信息的利用可以提高农户的整体福利水平。浦徐进等[4]比较了单一"农超对接"模式和超市、社区直销店并存的双渠道供应链模式的运作效率。Anderson和Monjardino[5]构建了一个由肥料供应商、种植户和消费者组成的三级供应链，考虑到产出的不确定性和种植户的风险规避性，他们设计了一种新的契约合同来协调农产品供应链。舒斯亮等[6]比较了政府对有机农产品生产的两种不同补贴模式，分析不同补贴模式对有机农产品供应链成员获利水平的影响。

有机农产品自身所具备的无污染、健康、安全、优质等特点，符合了当前人们的消费需求，引发了学术界和产业界的关注。周礼南等[7]构建了生鲜农产品供应链网络均衡模型，分析了消费者的有机农产品偏好对生鲜农产品供应链成员决策的影响。Magnusson 等[8]研究了瑞典消费者对有机食品的消费态度，并指出当前消费者购买有机食品的一个主要障碍是有机食品价格偏高。Yiridoe 等[9]对有机农产品和普通农产品进行了综合的比较分析，他们发现消费者对有机农产品的需求更多地取决于有机农产品与普通农产品之间的价格对比差异，而不是有机农产品本身的实际价格。韩占兵[10]在对消费者进行实地调查的基础上，对影响消费者购买有机农产品的因素进行了归纳总结，他认为消费者对有机农产品的信任度以及有机农产品本身价格偏高都是影响消费者购买决策的重要因素。Hughner 等[11]从现有的研究文献中提取了多个主题作为基础，以对有机食品消费进行更深入的研究。Aertsens 等[12]将施瓦茨价值观理论和计划行为理论进行结合，剖析了有机食品消费时的个人决定因素。

一般来说，产品之间的可替代性越高，它们之间的竞争就越激烈。McGuire 等[13]研究了两个制造商生产两个可替代产品时的销售渠道选择问题，他们假定每个产品都通过独立的零售商销售。他们研究发现，在竞争程度较高的市场上，通过独立零售商销售更好；在竞争程度较低的市场上，制造商更偏好于通过自有零售商销售。Moorthy[14]讨论了两个竞争制造商生产的两种在质量和价格上都有差异的产品的竞争问题，作者假设消费者更偏爱高质量产品，并在此基础上得到了不同市场情形下的价格均衡策略。而在渠道入侵方面，范小军等[15]在考虑市场消费者的不同服务偏好的基础上，讨论了制造商引入直销渠道时价格与服务的竞争问题。金亮等[16]针对由一个在位制造商、一个入侵制造商和一个零售商组成的供应链，分析了制造商和零售商不同权力结构对供应链成员决策的影响。Cao 等[17]考虑了一个现有制造商和一个现有零售商组成的供应链，研究生产可替代性产品的潜在制造商入侵市场的策略选择问题。张新鑫等[18]不仅考虑了竞争者的进入威胁，还引入了基于消费者行为的易逝品动态定价机制，讨论了现有企业和入侵企业的最优定价问题。上述文献的制造商入侵多为“一对一”模式供应链，本文试图构建多阶段 Stackelberg 博弈模型，分析有机农场市场入侵时，是和普通农产品在同一普通超市销售还是进入精品有机超市单独销售，讨论不同的销售策略对两个农场及两种农产品的影响，从而为我国有机农产品的生产销售提供可借鉴的政策建议。

三 问题描述与模型说明

本文假设在市场上现有一个普通农场和一个普通超市，普通农场只生产普通农产品，并将生产的普通农产品通过普通超市来销售，有机农场进入市场，只生产有机农产品。假设有机农场生产有机农产品的单位生产成本为 c_o，普通农场生产普通农产品的单位生产成本为 0 。有机农场作为市场入侵者，其有机农产品既能通过专门的精品有机超市销售，也可通过普通超市来销售；而普通农产品只能通过普通超市来销售。于是，有机农产品入侵市场时，具有两种入侵策略：①有机农产品通过普通超市来销售；②有机农产品通过精品有机超市来销售。

假设消费者对不同的农产品具有不同的感知效应，消费者认为有机农产品的效用大于普通农产品的效用，消费者面临两种农产品选择。由于有机农产品的价值大于普通农产品价值，假设有机农产品价值为 v，普通农产品的价值为 $\theta v(0 < \theta < 1)$，消费者购买普通农产品的效用 $U_c = \theta v - p_c$，购买有机农产品的效用为 $U_o = v - p_o$。当 $U_o > U_c$ 且 $U_o > 0$ 时，消费者购买有机农产品；当 $U_c > U_o$ 且 $U_c > 0$ 时，消费者购买普通农产品；当 U_o，$U_c < 0$ 时，消费者放弃购买。由此，可得有机农产品和普通农产品需求函数为

$$(D_o,D_c)=\begin{cases}(0,1-\frac{p_c}{\theta}) & ,p_c \leqslant p_o-(1-\theta)\\ (1-\frac{p_o-p_c}{1-\theta},\frac{p_o-p_c}{1-\theta}-\frac{p_c}{\theta}) & ,p_o-(1-\theta)<p_c<\theta p_o\\ (1-p_o,0) & ,p_c \geqslant \theta p_o\end{cases}$$

我们用上标“R”表示有机农产品和普通农产品通过同一超市来销售，“RR”表示两种农产品各自通过独立的超市来销售；下标“o”表示有机农产品，“c”表示普通农产品，“r”表示超市零售商，“or”表示有机超市零售商，“cr”表示普通超市零售商，“of”表示有机农场，

“cf”表示普通农场，在两种策略（R 策略和 RR 策略）下农产品的需求都为正，假设 $c_o + \theta < 1 + \frac{c_o\theta}{2}$。

四　模型构建与分析

（一）有机农产品通过普通超市销售

供应链成员之间的博弈顺序为：首先，有机农场和普通农场分别以批发价 w_o、w_c 将有机农产品和普通农产品批发给普通超市；其次，超市同时决定有机农产品的零售价 p_o 和普通农产品的零售价 p_c。两个农场与普通超市的利润函数分别为

$$\prod_{of}^{R} = (w_o^R - c_o)D_o^R$$

$$\prod_{cf}^{R} = w_c^R D_c^R$$

$$\prod_{cr}^{R} = (p_o^R - w_o^R)D_o^R + (p_c^R - w_c^R)D_c^R$$

当约束条件为 $p_c^R \leqslant p_o^R - (1-\theta)$ 时，普通农产品在市场中处于垄断地位，普通超市只销售普通农产品。此时，普通超市利润为 $\prod_{cr1}^{R} = (p_c^R - w_c^R)\left(1 - \frac{p_c^R}{\theta}\right)$，由逆推归纳法可以得到 $p_c^{R*} = \frac{\theta}{2} + \frac{w_c^R}{2}$，将其代入利润函数可以得到

$$\prod_{cr1}^{R} = \frac{(\theta - w_o^R)^2}{4\theta} \tag{1}$$

当约束条件为 $p_o^R - (1-\theta) < p_c^R < \theta p_o^R$ 时，有机农产品和普通农产品在市场上竞争，普通超市利润为 $\prod_{cr2}^{R} = (p_o^R - w_o^R)\left(1 - \frac{p_o^R - p_c^R}{1-\theta}\right) + (p_c^R - w_c^R)\left(\frac{p_o^R - p_c^R}{1-\theta} - \frac{p_c^R}{\theta}\right)$，由逆推归纳法可以得到 $p_o^{R*} = \frac{1}{2} + \frac{w_o^R}{2}$ 和 $p_c^{R*} = \frac{\theta}{2} + \frac{w_c^R}{2}$，将其代入利润函数可以得到

$$\prod_{cr2}^{R} = \frac{(2w_o^R - 1)\theta^2 + (w_o^{R^2} - 2w_o^R w_c^R - 2w_o^R + 1)\theta + w_c^{R^2}}{4(1-\theta)\theta} \tag{2}$$

当约束条件为 $p_c^R \geqslant \theta P_o^R$ 时，有机农产品在市场中处于垄断地位，普通超市只销售有机农产品。此时，普通超市利润为 $\prod_{cr3}^R = (p_o^R - w_o^R)(1 - p_o^R)$，由逆推归纳法可以得到 $p_o^{R*} = \frac{1}{2} + \frac{w_o^R}{2}$，将其代入利润函数可以得到

$$\prod_{cr3}^{R} = \frac{(1 - w_o^R)^2}{4} \tag{3}$$

因此，普通超市关于有机农产品和普通农产品的最优定价可以总结为 $p_o^{R*} = \frac{1}{2} + \frac{w_o^R}{2}$，$p_c^{R*} = \frac{\theta}{2} + \frac{w_c^R}{2}$。当约束条件为 $p_O^R - (1-\theta) < p_c^R < \theta p_o^R$ 时，普通超市同时销售有机农产品和普通农产品，可以得到有机农场和普通农场的利润分别为 $\prod_{of}^R = \left(1 - \frac{p_o^{R*} - p_c^{R*}}{1-\theta}\right)(w_o^R - c_o^R)$ 和 $\prod_{cf}^R = \left(\frac{p_o^{R*} - p_c^{R*}}{1-\theta} - \frac{p_c^{R*}}{\theta}\right) w_c^R$，容易求得 $w_o^{R*} = \frac{2(1 + c_o - \theta)}{4-\theta}$，$w_c^{R*} = \frac{\theta(1 + c_o - \theta)}{4-\theta}$，$D_o^{R*} = \frac{c_o\theta - 2c_o - 2\theta + 2}{2(4-\theta)(1-\theta)}$，$D_c^{R*} = \frac{1 + c_o - \theta}{2(4-\theta)(1-\theta)}$。为保证需求为正，有约束条件 $c_o + \theta < 1 + \frac{c_0\theta}{2}$，可以得到两个农场最优利润为 $\prod_{of}^{R*} = \frac{(c_o\theta - 2c_o - 2\theta + 2)^2}{2(4-\theta)^2(1-\theta)}$ 和 $\prod_{cf}^{R*} = \frac{(1 + c_o - \theta)^2\theta}{2(4-\theta)^2(1-\theta)}$。

命题 1 $w_o^{R*} = \frac{2(1 + c_o - \theta)}{4-\theta}$，$w_c^{R*} = \frac{\theta(1 + c_o - \theta)}{4-\theta}$ 为两个农场批发价的纳什均衡解。

由命题 1 可知，在 R 策略下，当两种农产品共同在市场上竞争时，两个农场为了达到利润最大化所得到的最优批发价，若其中一个农场不改变它的批发价，另一个农场也不会单边地去改变自己的批发价。所有证明见附录。

（二）有机农产品通过精品有机超市销售

当有机农产品进入有机超市销售时，供应链成员之间的博弈顺序为：

有机农场和普通农场同时决定有机农产品的批发价 w_o^{RR} 和普通农产品的批发价 w_c^{RR}，然后有机超市和普通超市同时决定有机农产品的零售价 p_o^{RR} 和普通农产品的零售价 p_c^{RR}。

与 R 策略不同的是，在 RR 策略中，由于两种农产品通过不同零售商来销售，两个零售商都无法得知对方的批发价为多少，由我们上面对 R 策略分析可知，在 R 策略下有机农场不希望自身成为市场垄断者，普通农场也不希望自身成为市场垄断者，于是 RR 策略中我们只讨论两者共同在市场竞争的情形。

有机超市和普通超市的利润函数分别为

$$\prod_{or}^{RR} = (1 - \frac{p_o^{RR} - p_c^{RR}}{1 - \theta})(p_o^{RR} - w_o^{RR})$$

$$\prod_{cr}^{RR} = (\frac{p_o^{RR} - p_c^{RR}}{1 - \theta} - \frac{p_c^{RR}}{\theta})(p_c^{RR} - w_c^{RR})$$

有机农场和普通农场利润的函数分别为

$$\prod_{of}^{RR} = (1 - \frac{p_o^{RR} - p_c^{RR}}{1 - \theta})(w_o^{RR} - c_o)$$

$$\prod_{cf}^{RR} = (\frac{p_o^{RR} - p_c^{RR}}{1 - \theta} - \frac{p_c^{RR}}{\theta})w_c^{RR}$$

由逆推归纳法得

$$p_o^{RR*} = \frac{2 + 2w_o^{RR} + w_c^{RR} - 2\theta}{4 - \theta},\ p_c^{RR*} = \frac{2w_c^{RR} + \theta w_o^{RR} + \theta - \theta^2}{4 - \theta} \tag{4}$$

$$w_o^{RR*} = \frac{(8 - 8\theta + 2\theta^2)c_o + (8 - 3\theta)(1 - \theta)}{4\theta^2 - 17\theta + 16},\ w_c^{RR*} = \theta\frac{(2 - \theta)c_o + 2(3 - \theta)(1 - \theta)}{4\theta^2 - 17\theta + 16} \tag{5}$$

由式（5）容易得

$$w_o^{RR*} - w_c^{RR*} = \frac{(3\theta^2 - 10\theta + 8)c_o + (2\theta^2 - 9\theta + 8)(1 - \theta)}{4\theta^2 - 17\theta + 16} > 0$$

再将 w_o^{RR*}、w_c^{RR*} 分别代入 p_o^{RR*}、p_c^{RR*}，可得

$$p_o^{RR*} = \frac{6\theta^3 - 3\theta^2c_o - 40\theta^2 + 14\theta c_o + 82\theta - 16c_o - 48}{(4\theta^2 - 17\theta + 16)(\theta - 4)}$$

$$p_c^{RR*} = \frac{2\theta(2\theta^3 - \theta^2 c_o - 14\theta^2 + 5\theta c_o + 30\theta - 6c_o - 18)}{(4\theta^2 - 17\theta + 16)(\theta - 4)} \tag{6}$$

假设 $K = 2\theta^2 - 9\theta + 8$，可得

$$\prod_{of}^{RR*} = \frac{[(\theta - 2)Kc_o + (1 - \theta)(\theta - 2)(3\theta - 8)][Kc_o + (1 - \theta)(3\theta - 8)]}{(4\theta^2 - 17\theta + 16)^2(4 - \theta)(1 - \theta)}$$

$$\prod_{cf}^{RR*} = \theta\frac{[-(\theta - 2)^2 c_o + 2(\theta - 1)(\theta - 2)(\theta - 3)][(2 - \theta)c_o + 2(\theta - 1)(\theta - 3)]}{(4\theta^2 - 17\theta + 16)^2(4 - \theta)(1 - \theta)}$$

$$\prod_{or}^{RR*} = \frac{[(\theta - 2)(2\theta^2 - 9\theta + 8)c_o + (\theta - 1)(\theta - 2)(3\theta - 8)]^2}{(4\theta^2 - 17\theta + 16)^2(4 - \theta)^2(1 - \theta)}$$

$$\prod_{cr}^{RR*} = \theta\frac{[(\theta - 2)^2 c_o - 2(\theta - 1)(\theta - 2)(\theta - 3)]^2}{(4\theta^2 - 17\theta + 16)^2(4 - \theta)^2(1 - \theta)} \tag{7}$$

由式（7）可得两个超市和两个农场的利润明显为正，并且此时满足约束条件

$$p_o^{RR*} - p_c^{RR*} = \frac{(2\theta^2 - 9\theta + 8)[(2 - \theta)c_o + 2(3 - \theta)(1 - \theta)]}{(4\theta^2 - 17\theta + 16)(4 - \theta)} > 0$$

$$p_c^{RR*} - \theta p_o^{RR*} = -\theta\frac{2(1 - \theta)(2 - \theta)(3 - \theta) + (2 - \theta)^2 c_o}{(4\theta^2 - 17\theta + 16)(4 - \theta)} < 0$$

$$p_o^{RR*} - (1 - \theta) - p_c^{RR*} = \frac{(\theta - 2)(2\theta^2 - 9\theta + 8)c_o - (\theta - 1)(\theta - 2)(3\theta - 8)}{(4\theta^2 - 17\theta + 16)(\theta - 4)} < 0$$

命题 2 $p_o^{RR*} = \frac{6\theta^3 - 3\theta^2 c_o - 40\theta^2 + 14\theta c_o + 82\theta - 16c_o - 48}{(4\theta^2 - 17\theta + 16)(\theta - 4)}$ 和 $p_c^{RR*} = \frac{2\theta(2\theta^3 - \theta^2 c_o - 14\theta^2 + 5\theta c_o + 30\theta - 6c_o - 18)}{(4\theta^2 - 17\theta + 16)(\theta - 4)}$ 为两个超市零售价的纳什均衡解。

由命题 2 可知，在 RR 策略下，两种农产品分别通过不同的超市销售，两个超市为了达到利润最大化所得到的最优零售价，其中一个超市不改变它的零售价，另一个超市也不会单边地去改变自己的零售价。

命题 3 （1）$w_c^R < w_c^{RR}$，$w_o^R < w_o^{RR}$；（2）$p_c^R > p_c^{RR}$，$p_o^R > p_o^{RR}$。

命题 3 表明不管是有机农产品还是普通农产品，其在 RR 策略下批发价总是更高，而零售价总是更低；相反，在 R 策略下两种农产品的批发价总是更低，而零售价总是更高。这是因为在 R 策略下，市场只存在一个零售商，此时超市的谈判能力相对较强，农场给超市的批发价相对较低，而

超市对消费者的零售价较高；而在 RR 策略下，市场上存在两个零售商，且不同的农产品通过不同的超市销售，两个超市的竞争导致两种农产品的零售价下降。

命题 4　$D_c^R < D_c^{RR}$，$D_o^R < D_o^{RR}$。

命题 4 表明普通农产品和有机农产品在 RR 策略下的需求更大，而在 R 策略下的需求较小，由命题 3 我们可知两种农产品在 RR 策略下的零售价要比在 R 策略下的零售价低，所以消费者在 RR 策略下对两种农产品的需求量会较大。

命题 5　（1）$\prod_{cf}^{R} < \prod_{cf}^{RR}$，$\prod_{of}^{R} < \prod_{of}^{RR}$；（2）$\prod_{or}^{RR} + \prod_{cr}^{RR} < \prod_{cr}^{R}$。

命题 5 表明在 R 策略下，由于普通超市在市场中处于垄断地位，此时普通超市较强势，讨价还价能力大于两个相互竞争的超市，它对两种农产品制定的零售价也要高于 RR 策略下两种产品的零售价。而在 RR 策略下，市场存在两个超市，此时超市的讨价还价能力会相对减弱，而两个农场的讨价还价能力相对增强，导致农场对超市的批发价格大于在 R 策略下的批发价格。

由于在 R 策略下，普通超市处于强势地位，导致两种农产品的零售价上升而批发价降低，所以 R 策略下的普通农场的利润小于 RR 策略下普通农场的利润，R 策略下的有机农场的利润小于 RR 策略下有机农场的利润，但是 R 策略下零售端的利润要大于 RR 策略下零售端的利润。

命题 6　$p_o^R - p_c^R > p_o^{RR} - p_c^{RR}$，$w_o^R - w_c^R < w_o^{RR} - w_c^{RR}$。

命题 6 表明在 R 策略下，普通超市作为垄断零售商，当两种农产品都通过普通超市销售时，普通超市为增加两种农产品的销售量，需要以价格来区分两种农产品的差异性，此时两种农产品的零售价相差幅度要大于 RR 策略下两种农产品的零售价相差幅度；另外，在 R 策略下，两个农场都通过普通超市来销售农产品，即需要竞争同一个超市，此时两个农场会降低对超市的批发价，所以 R 策略下两种农产品的批发价相差幅度会小于 RR 策略下两种农产品的批发价相差幅度。

五　数值仿真

本节通过数值仿真比较两种销售策略下有机农产品的价格、需求以及农场利润。

在约束条件 $c_o+\theta<1+\frac{c_o\theta}{2}$，$c_o<1-\frac{\theta}{2-\theta}$，$\theta<1-\frac{c_o}{2-c_o}$ 的前提下，图 1 和图 2 表明参数 c_o 和 θ 对有机农产品批发价的影响。在给定参数 θ 时，两种销售策略下有机农产品的批发价与 c_o 成正比。图 1 表明，两种不同销售策略下有机农产品的批发价格差会随着 θ 的增大而增大，但是 R 策略下有机农产品的批发价永远要低于 RR 策略下的批发价。当给定参数 c_o 时，两种销售策略下有机农产品的批发价格都与 θ 成反比。

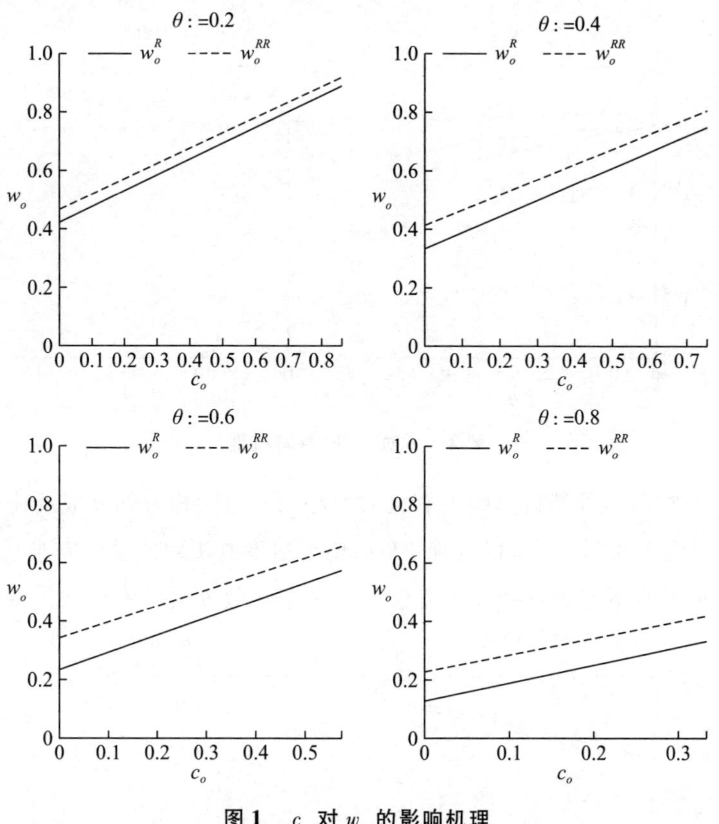

图 1　c_o 对 w_o 的影响机理

图 3 和图 4 表明参数 c_o 和 θ 对有机农产品零售价的影响。在给定参数 θ 时，两种销售策略下有机农产品的零售价与 c_o 成正比，图 3 和图 1 相似，表明两种不同销售策略下有机农产品的零售价格差会随着 θ 的增大而增大，但是 R 策略下有机农产品的零售价永远要高于 RR 策略下的零售价。当给

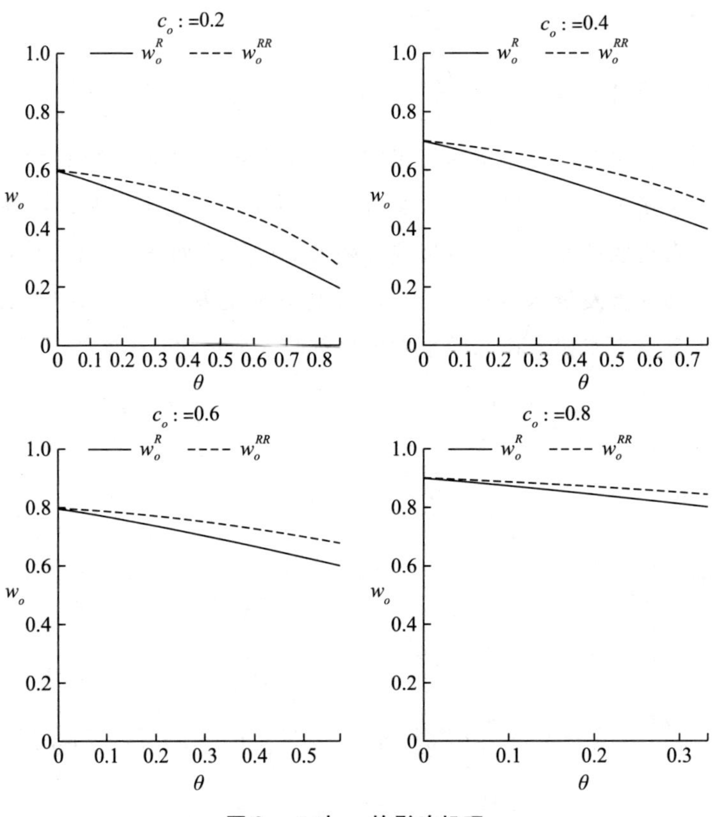

图 2　θ 对 w_o 的影响机理

定参数 c_o 时，两种销售策略下有机农产品的零售价格都与 θ 成反比。

分析图 5 和图 6，可以发现 RR 销售策略下有机农产品的需求总是要高于 R 销售策略下有机农产品的需求。当给定参数 θ 时，有机农产品在两种

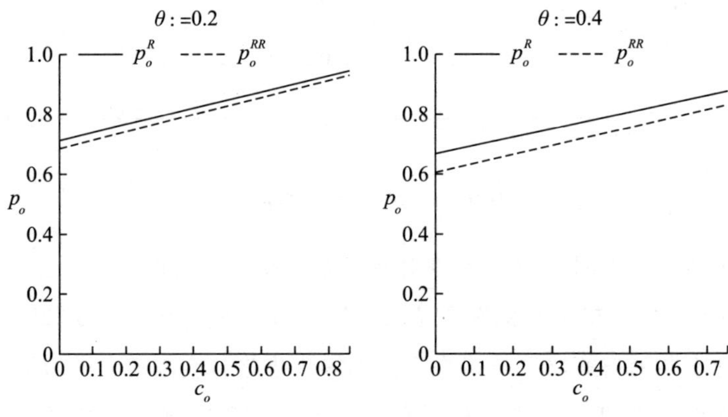

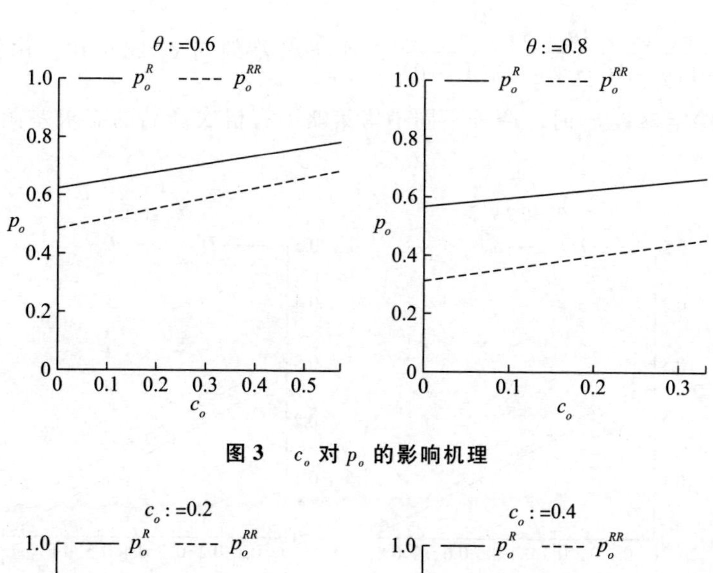

图 3　c_o 对 p_o 的影响机理

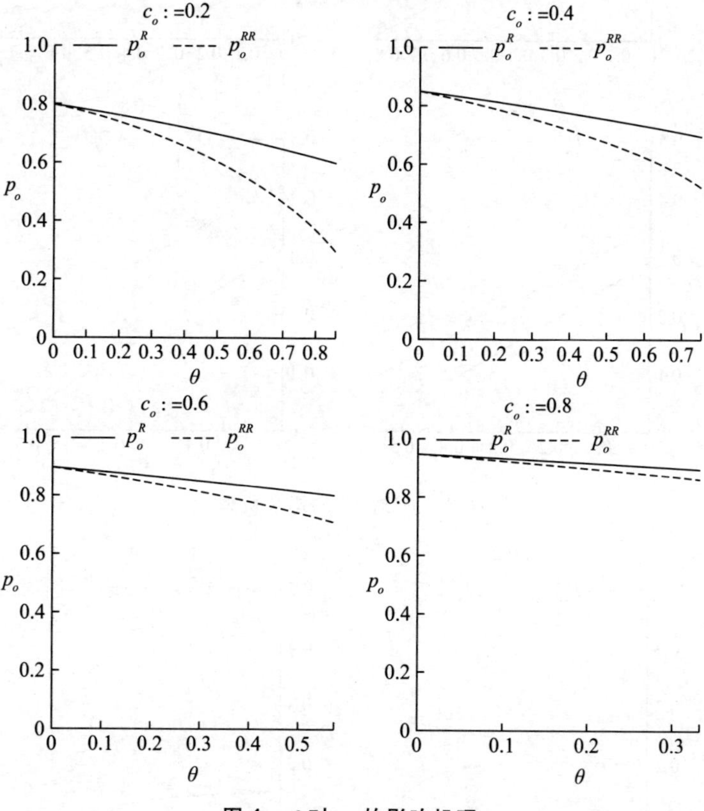

图 4　θ 对 p_o 的影响机理

销售策略下的需求差额为 $\frac{\theta(2-\theta)}{2(4\theta^2-17\theta+16)(4-\theta)(1-\theta)}c_o$ +

$\dfrac{\theta(2\theta^2-8\theta+6)}{2(4\theta^2-17\theta+16)(4-\theta)(1-\theta)}$，且需求差额与 c_o 成正比。由图 6 可知，当给定参数 c_o 时，两种不同销售策略下有机农产品的需求差额与 θ 成正比。

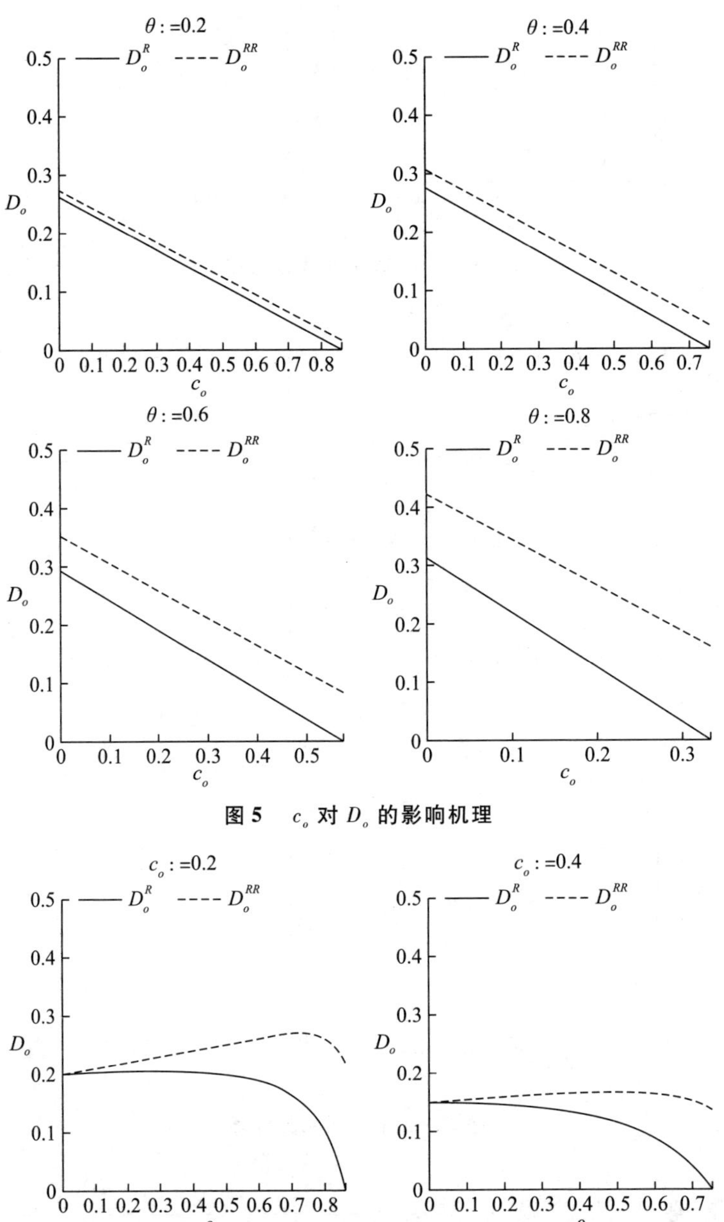

图 5　c_o 对 D_o 的影响机理

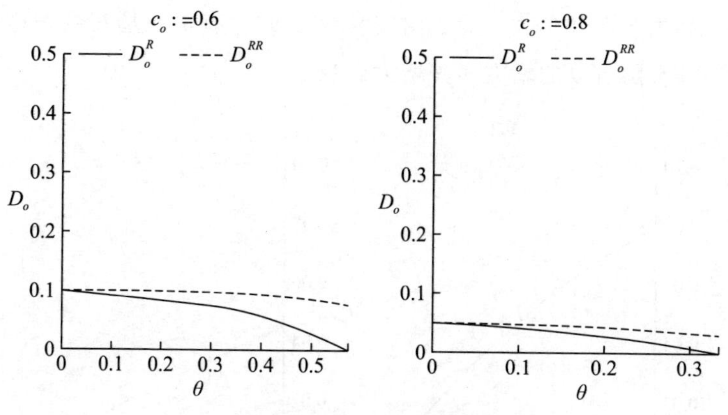

图 6　θ 对 D_o 的影响机理

分析图 7 和图 8 可以发现，对有机农场来说，RR 销售策略所带来的利润要高于 R 策略下的利润。当给定参数 θ 时，c_o 越小，有机农场在两种销

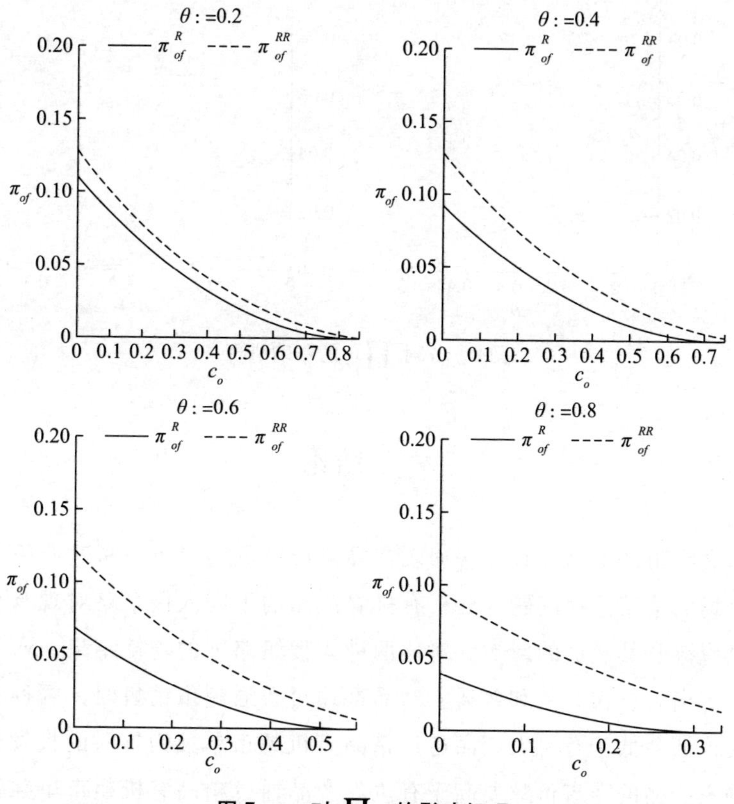

图 7　c_o 对 $\prod_{of}$ 的影响机理

售策略下利润差额却越大。而当给定参数 c_o 时，有机农场在两种销售策略下利润差额会随着 θ 的增大而先增大后减小。

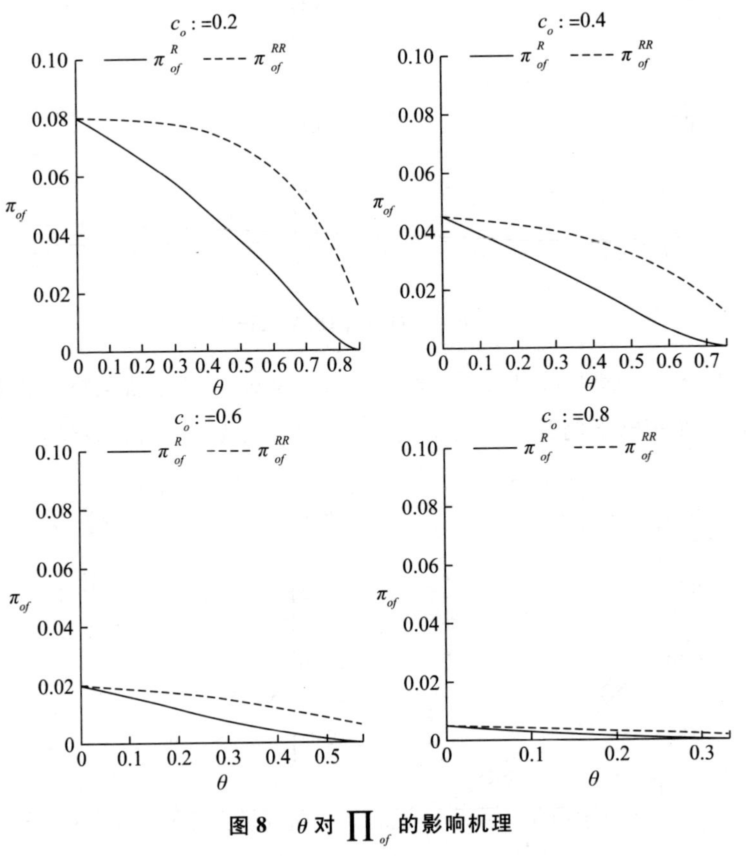

图 8　θ 对 $\prod_{of}$ 的影响机理

六　结论

本文在市场上已经存在普通农产品供应链的前提下，考察有机农产品入侵市场的策略选择问题，分析有机农产品的不同入侵策略对现有普通农产品供应链及其成员的影响，对比两种入侵策略下的均衡结果。研究结果表明：①当有机农产品和普通农产品都通过普通超市销售时，两种农产品的批发价都会低于有机农产品通过精品有机超市单独销售时的批发价，但是两种农产品的零售价却要高于有机农产品通过精品有机超市单独销售时的零售价。②当有机农产品和普通农产品都通过普通超市销售时，有机农场和普通农场利润较低，而当有机农产品通过精品有机超市单独销售，有机农场和普通农场利润较高。③有机农产品和普通农产品都通过普通超市销售时零售端的利润要大于有机农产品通过精品有机超市单独销售时零售端的利润。

本研究对农产品供应链中不同农产品的销售渠道进行初步探讨，但仍然存在一些不足之处。例如，没有考虑有机农产品进入市场的入侵成本，事实上，本文中的两种入侵策略都存在入侵成本。因此，未来作者将进一步深入研究。

参考文献

[1] IFOAM, "The World of Organic Agricultural," *Statistics and Emerging Trends*, 2018.

[2] Widode, K. H., Nagasawa, H., Morizawa, K., Ota, M., "A Periodical Flowering-harvesting Model for Delivering Agricultural Fresh Products," *European Journal of Operational Research*, 2006, 170: 24 - 43.

[3] Tang, C. S., Wang, Y. L., Zhao, M., "The Implication of Utilizing Market Information and Adopting Agricultural Advice for Farms in Developing Countries," *Production and Operations Management*, 2015, 24 (8): 1197 - 1215.

[4] 浦徐进、金德龙:《生鲜农产品供应链的运作效率比较：单一“农超对接”vs. 双渠道》,《中国管理科学》2017 年第 1 期。

[5] Anderson, E., Monjardino, M., "Contract Design in Agriculture Supply Chains with Random Yield," *European Journal of Operationalresearch*, 2019, 277: 1072 - 1082.

[6] 舒斯亮、柳健:《政府补贴模式对生物农产品供应链决策的影响》,《华东经济管理》2017 年第 12 期。

[7] 周礼南、周根贵、綦方中、曹柬:《考虑消费者有机产品偏好的生鲜农产品供应链均衡研究》,《系统工程理论与实践》2019 年第 2 期。

[8] Magnusson, M. K., Arvola, A., KoivistoHursti, U. K., Aberg, L., Sjödén, P. O., "Attitudes towards Organic Foods among Swedish Consumers," *British Food Journal*, 2001, 103 (3): 209 - 227.

[9] Yiridoe, E. K., Bonti-Ankomah, S., Martin, R. C., "Comparison of Consumer Perceptions and Preference toward Organic Versus Conventionally Produced Foods: A Review and Update of the Literature," *Renewable Agricultural and Food Systems*, 2005,

20 (04): 193 - 205.

[10] 韩占兵:《我国城镇消费者有机农产品消费行为分析》,《商业研究》2013 年第 8 期。

[11] Hughner, R. S., McDonagh, P., Prothero, A., Shulcz II, C. J., Stanton, J., "Who are Organic Food Consumers? A Compilation and Review of Why People Purchase Organic Food," *Journal of Consumer Behaviour*, 2007, 6: 94 - 110.

[12] Aertsens, J., Verbeke, W., Mondelaers, K., Van Huylenbroeck, G., "Personal Determinants of Organic Food Consumption: A review," *British Food Journal*, 2009, 111 (10): 1140 - 1167.

[13] McGuire, T. W., Staelin. R., "An Industry Equilibrium Analysis of Downstream Vertical Integration," *Marketing Science*, 1983, 2 (2): 161 - 191.

[14] Moorthy, K. S., "Product and Price Competition in a Duopoly," *Marketing Science*, 1988, 7 (2): 141 - 168.

[15] 范小军、刘艳:《制造商引入在线渠道的双渠道价格与服务竞争策略》,《中国管理科学》2016 年第 7 期。

[16] 金亮、郭萌:《不同权力结构下品牌差异化制造商市场入侵的影响研究》,《管理学报》2018 年第 1 期。

[17] Cao, Z. H., Zhou Y. W., Zhao J., & Li C. W., "Entry Mode Selection and Its Impact on An Incumbent Supply Chain Coordination," *Journal of Retailing and Consumer Services*, 2015, 26: 1 - 13.

[18] 张新鑫、申成霖、侯文华:《考虑竞争者进入威胁的易逝品动态定价机制》,《管理科学学报》2016 年第 10 期。

附　录

命题 1 证明:

由 $p_o^{R*} = \frac{1}{2} + \frac{w_o^R}{2}$、$p_c^{R*} = \frac{\theta}{2} + \frac{w_c^R}{2}$ 可得其满足约束条件 $p_o^{R*} - (1-\theta) < p_c^{R*} < \theta p_o^{R*}$,

由于 $\prod_{r2}^{R*} - \prod_{r1}^{R*} = \frac{(1 + w_c^{R*} - w_o^{R*} - \theta)^2}{4(1-\theta)} \geqslant 0$, $\prod_{r2}^{R*} - \prod_{r3}^{R*} = \frac{(\theta w_o^{R*} - w_c^{R*})^2}{4(1-\theta)\theta} \geqslant 0$。首先关于有机农场，当有机农场成为市场垄断者时，$\theta p_o^{R*} = \theta(\frac{1}{2} + \frac{w_o^R}{2}) \leqslant p_c^{R*} = \frac{\theta}{2} + \frac{w_c^{R*}}{2} = \frac{\theta}{2} + \frac{\theta(1 + c_o - \theta)}{2(4-\theta)}$，得到 $w_o^R \leqslant \frac{\theta(1 + c_o - \theta)}{\theta(4-\theta)}$。假设 $w_o^{R'} = \frac{\theta(1 + c_o - \theta)}{\theta(4-\theta)}$，$p_o^{R*}$

$=\frac{1}{2}+\frac{w_o^R}{2}$，$p_c^{R*}=\frac{\theta}{2}+\frac{w_c^R}{2}$，此时有机农场利润为 $(1-p_o^R)(w_o^R-c_o)=\left[1-\left(\frac{1}{2}+\frac{w_o^R}{2}\right)\right](w_o^R-c_o)$，当 $w_o^R=\frac{1+c_o}{2}$时，有机农场利润最大。

因为 $w_o^{R'}-\frac{1+c_o}{2}=\frac{\theta(1+c_o-\theta)}{\theta(4-\theta)}-\frac{1+c_o}{2}=-\frac{2\theta+2c_o\theta+(1-c_o)\theta^2}{2\theta(4-\theta)}<0$

当有机农场将批发价定为 w_o' 时，$\prod_{of,N}^R=\left[1-\left(\frac{1}{2}+\frac{w_o^{R'}}{2}\right)\right](w_o^{R'}-c_o)=\left[1-\left(\frac{1}{2}+\frac{\theta(1+c_o-\theta)}{\theta(4-\theta)}\right)\right]\left[\frac{\theta(1+c_o-\theta)}{\theta(4-\theta)}-c_o\right]$

$$\prod_{of,N}^R-\prod_{of}^{R*}=-\frac{(1+c_o-\theta)^2}{2(4-\theta)^2(1-\theta)}<0$$

关于普通农场，当普通农场成为市场垄断者时，其批发价满足约束条件 $p_c^R=\frac{\theta}{2}+\frac{w_c^R}{2}\leqslant p_o^{R*}-(1-\theta)=\frac{1}{2}+\frac{2(1+c_o-\theta)}{2(4-\theta)}-(1-\theta)$，由其可得 $w_c^R\leqslant\frac{3\theta+2c_o-2-\theta^2}{4-\theta}$，假设 $w_c^{R'}=\frac{3\theta+2c_o-2-\theta^2}{4-\theta}$，此时普通农场利润为 $\left[1-\frac{1}{\theta}\left(\frac{\theta}{2}+\frac{w_c^R}{2}\right)\right]w_c^R$，当 $w_c^R=\frac{\theta}{2}$ 时，普通农场利润最大。

$$w_c^{R'}-\frac{\theta}{2}=\frac{3\theta+2c_o-2-\theta^2}{4-\theta}-\frac{\theta}{2}=\frac{4c_o+2\theta-4-\theta^2}{2(4-\theta)}$$

$$=\frac{4(c_o+\theta)-2\theta-4-\theta^2}{2(4-\theta)}<\frac{4(1+\frac{c_o\theta}{2})-2\theta-4-\theta^2}{2(4-\theta)}=\frac{2c_o\theta-2\theta-\theta^2}{2(4-\theta)}<0$$

当批发价为 $w_c^{R'}=\frac{3\theta+2c_o-2-\theta^2}{4-\theta}$时，普通农场的利润为 $\prod_{cf,N}^R=\left[1-\frac{1}{\theta}\left(\frac{\theta}{2}+\frac{w_c^{R'}}{2}\right)\right]w_c^{R'}=\frac{(2-2c_o+\theta)(3\theta+2c_o-2-\theta^2)}{2(4-\theta)^2\theta}$，$\prod_{cf,N}^R-\prod_{cf}^{R*}=-\frac{(2+c_o\theta-2c_o-2\theta)^2}{2(4-\theta)^2(1-\theta)\theta}<0$，所以命题得证。

命题 2 证明：

首先考虑有机超市，由于 $p_o^{RR}\leqslant\frac{p_c^{RR*}}{\theta}$，当 $p_o^{RR}=\frac{1+w_o^{RR}}{2}$，有机超市利润最优，$\frac{p_c^{RR*}}{\theta}-\frac{1+w_o^{RR*}}{2}=\frac{2(\theta-2)(\theta^2-4\theta+2)c_o+(2-\theta)(\theta^2+2\theta-12)}{2(4\theta^2-17\theta+16)(4-\theta)}$，若 $(\theta-2)(\theta^2-4\theta+2)\leqslant 0$，则右式小于0。若 $(\theta-2)(\theta^2-4\theta+2)>0$，则 $2(\theta-2)(\theta^2-4\theta+2)c_o+(2-\theta)(\theta^2+2\theta$

$-12)<2(\theta-2)(\theta^2-4\theta+2)\left(1-\frac{\theta}{2-\theta}\right)+(2-\theta)(\theta^2+2\theta-12)=(\theta-4)(3\theta^2-8\theta+8)<0$，因此，$\frac{p_c^{RR*}}{\theta}-\frac{1+w_o^{RR*}}{2}$，当有机超市改变零售价时，得到的新利润为 $\prod_{or,N}^{RR}=\left(1-\frac{p_c^{RR*}}{\theta}\right)\left(\frac{p_c^{RR*}}{\theta}-w_o^{RR*}\right)$，$\prod_{or,N}^{RR}-\prod_{or}^{RR*}=\frac{(\theta-2)^2(2\theta^2-\theta c_o-8\theta+2c_o+6)^2}{(4\theta^2-17\theta+16)(4-\theta)^2(\theta-1)}\leqslant 0$。

关于普通超市，当普通超市调整零售价时，其仍会满足约束条件 $0\leqslant p_c^{RR}\leqslant p_o^{RR*}-(1-\theta)$，当 $p_c^{RR}=\frac{\theta+w_c^{RR}}{2}$，普通超市利润最优。

$$p_o^{RR*}-(1-\theta)-\left(\frac{\theta}{2}-\frac{w_c^{RR*}}{2}\right)=\frac{(2-\theta)[(\theta^2-10\theta+16)c_o+2\theta^3-9\theta^2+14\theta-16]}{2(4\theta^2-17\theta+16)(4-\theta)}$$

$$<\frac{(2-\theta)\left[(\theta^2-10\theta+16)\left(1-\frac{\theta}{2-\theta}\right)+2\theta^3-9\theta^2+14\theta-16\right]}{2(4\theta^2-17\theta+16)(4-\theta)}$$

$$=\frac{(2-\theta)(2\theta+1)(\theta-4)\theta}{2(4\theta^2-17\theta+16)(4-\theta)}<0$$

当普通超市调整普通农产品的价格为 $p_c^{RR}=p_o^{RR*}-(1-\theta)$，此时可得普通超市新利润 $\prod_{cr,N}^{RR}=\left(1-\frac{p_c^{RR}}{\theta}\right)(p_c^{RR}-w_c^{RR*})=\left(1-\frac{p_o^{RR*}-(1-\theta)}{\theta}\right)\left[p_o^{RR*}-(1-\theta)-w_c^{RR*}\right]$，$\prod_{cr,N}^{RR}-\prod_{cr}^{RR*}=\frac{(\theta-2)^2(2\theta^2c_o-3\theta^2-9\theta c_o+11\theta+8c_o-8)^2}{(4\theta^2-17\theta+16)^2(4-\theta)^2(\theta-1)\theta}\leqslant 0$

命题 3 证明：

$$(1)\ w_c^R-w_c^{RR}=\frac{\theta(1+c_o-\theta)}{4-\theta}-\theta\frac{(2-\theta)c_o+2(3-\theta)(1-\theta)}{4\theta^2-17\theta+16}=$$

$$\frac{\theta(1-\theta)[(8-3\theta)c_o+2\theta^2-3\theta-8]}{(4-\theta)(4\theta^2-17\theta+16)}<\frac{\theta(1-\theta)\left[(8-3\theta)\left(1-\frac{\theta}{2-\theta}\right)+2\theta^2-3\theta-8\right]}{(4-\theta)(4\theta^2-17\theta+16)}$$

$$=\frac{\theta^2(1-\theta)(13\theta-2\theta^2-20)}{(2-\theta)(4-\theta)(4\theta^2-17\theta+16)}<0$$

$$w_o^R-w_o^{RR}=\frac{2(1+c_0-\theta)}{4-\theta}-\frac{(8-8\theta+2\theta^2)c_o+(8-3\theta)(1-\theta)}{4\theta^2-17\theta+16}$$

$$=\frac{\theta[2(1-\theta)(3-\theta)c_o-5\theta^2+19\theta-14]}{(4-\theta)(4\theta^2-17\theta+16)}<$$

$$\frac{\theta[2(1-\theta)(3-\theta)\left(1-\frac{\theta}{2-\theta}\right)-5\theta^2+19\theta-14]}{(4-\theta)(4\theta^2-17\theta+16)}$$

$$= \frac{\theta(\theta-1)(\theta-4)^2}{(2-\theta)(4-\theta)(4\theta^2-17\theta+16)} < 0$$

(2) $p_c^R - p_c^{RR} = \frac{\theta}{2} + \frac{\theta(1+c_o-\theta)}{2(4-\theta)} - \frac{2\theta(2\theta^3-\theta^2c_o-14\theta^2+5\theta c_o+30\theta-6c_o-18)}{(4\theta^2-17\theta+16)(\theta-4)}$

$$= \frac{\theta(\theta-1)(\theta-4)^2}{(2-\theta)(4-\theta)(4\theta^2-17\theta+16)} < 0$$

$$p_o^R - p_o^{RR} = \frac{1}{2} + \frac{1+c_o-\theta}{4-\theta} - \frac{6\theta^3-3\theta^2c_o-40\theta^2+14\theta c_o+82\theta-16c_o-48}{(4\theta^2-17\theta+16)(\theta-4)}$$

$$= \frac{\theta(2c_o\theta-6c_o-5\theta+14)}{2(4\theta^2-17\theta+16)(4-\theta)} > 0$$

命题4证明：

$D_c^{RR} - D_c^R = \frac{(\theta^2-4\theta+4)c_o-2\theta^3+12\theta^2-22\theta+12}{(4\theta^2-17\theta+16)(4-\theta)(1-\theta)} - \frac{1+c_o-\theta}{2(4-\theta)(1-\theta)} = -$

$\frac{(2\theta^2-9\theta+8)c_o-3\theta^2+11\theta-8}{2(4\theta^2-17\theta+16)(4-\theta)(1-\theta)} > -\frac{(2\theta^2-9\theta+8)(1-\frac{\theta}{2-\theta})-3\theta^2+11\theta-8}{2(4\theta^2-17\theta+16)(4-\theta)(1-\theta)} = -$

$\frac{\theta(\theta^2-5\theta+4)}{2(4\theta^2-17\theta+16)(4-\theta)(1-\theta)(\theta-2)} > 0$

$$D_o^{RR} - D_o^R = \frac{(2\theta^3-13\theta^2+26\theta-16)c_o-3\theta^3+17\theta^2-30\theta+16}{(4\theta^2-17\theta+16)(4-\theta)(1-\theta)} - \frac{c_o\theta-2c_o-2\theta+2}{2(4-\theta)(1-\theta)}$$

$$= -\frac{\theta[(\theta-2)c_o-2(2\theta^2-8\theta+6)]}{2(4\theta^2-17\theta+16)(4-\theta)(1-\theta)} > 0$$

命题5证明：

(1) $\prod_{cf}^{RR} - \prod_{cf}^{R} = \frac{-\theta}{2(4\theta^2-17\theta+16)(4-\theta)^2(1-\theta)}(Ac_o^2+Bc_o+C)$

$A = 14\theta^4 - 116\theta^3 + 345\theta^2 - 432\theta + 192$

$B = -24\theta^5 + 208\theta^4 - 666\theta^3 + 962\theta^2 - 608\theta + 128$

$C = 8\theta^6 - 56\theta^5 + 81\theta^4 + 246\theta^3 - 871\theta^2 + 912\theta - 320$

令 $f(\theta) = 14\theta^4 - 116\theta^3 + 345\theta^2 - 432\theta + 192$，得 $f'(\theta) = 56\theta^3 + 348\theta^2 + 690\theta - 432 = (56\theta^3 - 56\theta^2) - (292\theta^2 - 690\theta + 398) - 34 < 0$，$f(\theta) > f(1) = 3$，因此 $A > 0$。

令 $g(c_o) = Ac_o^2 + Bc_o + C$，得 $g(0) = C = (\theta-1)^2(8\theta^4 - 40\theta^3 - 7\theta^2 + 272\theta - 320) < 0$。又因为 $g\left(1-\frac{\theta}{2-\theta}\right) = A\left(1-\frac{\theta}{2-\theta}\right)^2 + B\left(1-\frac{\theta}{2-\theta}\right) + C =$

$$\frac{\theta(\theta-1)^2(\theta-4)^2(8\theta^3-56\theta^2+129\theta-96)}{(\theta-2)^2}$$

$$= \theta(\theta-1)^2(\theta-4)^2 \frac{(8\theta^3-8\theta^2)-(48\theta^2-129\theta+81)-15}{(\theta-2)^2} < 0$$

因为 $0 \leqslant c_o \leqslant 1-\frac{\theta}{2-\theta} < 1$，$g(c_o) < 0$，因此，$\prod_{cf}^{RR} - \prod_{cf}^{R} > 0$

$$\prod_{of}^{R} - \prod_{of}^{RR} = \frac{\theta}{2(4\theta^2-17\theta+16)(4-\theta)^2(1-\theta)}(Dc_o^2+Ec_o+F)$$

$$D = 8\theta^5 - 80\theta^4 + 303\theta^3 - 536\theta^2 + 436\theta - 128$$

$$E = 4(1-\theta)(2-\theta)(3-\theta)[(10\theta-29)(\theta-1)+3]$$

$$F = 46\theta^5 - 432\theta^4 + 1546\theta^3 - 2620\theta^2 + 2100\theta - 640$$

容易看出 $E \geqslant 0$，当 $D \geqslant 0$ 时，因为 $c_o < 1-\frac{\theta}{2-\theta}$，可得 $Dc_o^2+Ec_o+F < D\left(1-\frac{\theta}{2-\theta}\right)^2 + E\left(1-\frac{\theta}{2-\theta}\right) + F = \frac{2\theta(1-\theta)^2(\theta-4)^3}{2-\theta} \leqslant 0$

当 $D < 0$ 时，可得 $Dc_o^2+Ec_o+F = D\left(c_o+\frac{E}{2D}\right)^2 + F - \frac{E^2}{4D}$，若 $F-\frac{E^2}{4D} \leqslant 0$，则 $Dc_o^2+Ec_o+F<0$；否则，当 $E \geqslant 0$，$D<0$ 时，可得 $E+2D = 2(2-\theta)(\theta-1)(12\theta^3-82\theta^2+179\theta-125)+3 = (\theta-1)^2(12\theta^2-70\theta+109)-16(\theta-1)+3>0$

由 $E+2D>0$ 可得 $\frac{E}{2|D|}>1$，函数 $f(c_o) = Dc_o^2+Ec_o+F$ 的大致图形如下

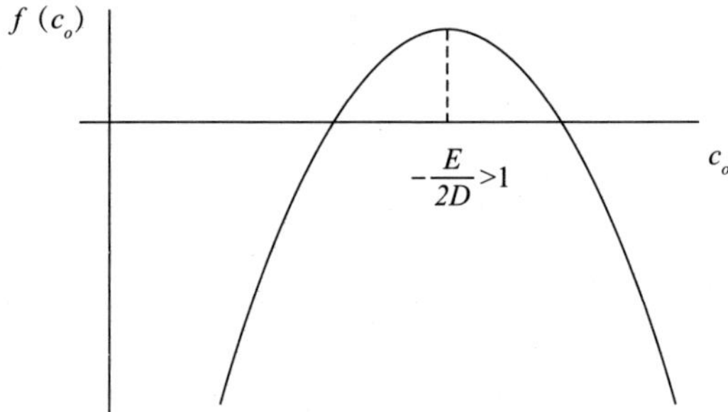

因为 $c_o < 1-\frac{\theta}{2-\theta}$，且函数 $f(c_o)$ 在 (0,1) 单增，所以 $f(c_o) < f\left(1-\frac{\theta}{2-\theta}\right) = \frac{2\theta(1-\theta)^2(\theta-4)^3}{2-\theta} \leqslant 0$，$Dc_o^2+Ec_o+F$ 永远小于 0，即 $\prod_{of}^{R} < \prod_{of}^{RR}$

（2）$\prod_{or}^{RR} + \prod_{cr}^{RR} - \prod_{r}^{R} = \theta \frac{Uc_o^2+Vc_o+W}{4(4\theta^2-17\theta+16)(4-\theta)^2(1-\theta)}$

$$U = 4(\theta-1)^3(4\theta^2-27\theta+54) - 81(\theta-1)^2 + 22(\theta-1) - 1 < 0$$

$$V = 2(\theta-1)^3(48\theta^2-316\theta+601) + 380(1-\theta)^2 + 82(1-\theta) \geqslant 0$$

$$W = 16\theta^6 - 76\theta^5 - 176\theta^4 + 1729\theta^3 - 3969\theta^2 + 3820\theta - 1344$$

因为 $c_o < 1 - \frac{\theta}{2-\theta}$，$Uc_o^2 + Vc_o + W < U(1 - \frac{\theta}{2-\theta})^2 + V(1 - \frac{\theta}{2-\theta}) + W = Uc_o^2 + \frac{1-\theta}{2-\theta}f(\theta)$

此时，$f(\theta) = 16\theta^6 - 284\theta^5 + 1724\theta^4 - 4807\theta^3 + 6494\theta^2 - 3864\theta + 640$

$f'(\theta) = 96\theta^5 - 1420\theta^4 + 6986\theta^3 - 14421\theta^2 + 12988\theta - 3864 = (96\theta^5 - 1420\theta^4 + 1324\theta^3) + (5572\theta^3 - 14421\theta^2 + 8849\theta) + 4139\theta - 3864$，因此可得 $f'(\theta) > 0$。当 $\theta \in \left(\frac{3864}{4139}, 1\right) = (0.9336, 1)$，即 $f(\theta)$ 在 $(0.94, 1)$ 单调递增，又因为 $f(1) = -81$，所以 $Uc_o^2 + Vc_o + W < 0$。当 $\theta \in (0.94, 1)$。

当 $\theta \leqslant 0.94$ 时，令 $g(c_o) = Uc_o^2 + Vc_o + W = U(c_o + \frac{V}{2U})^2 + W - \frac{V^2}{4U}$，可以得到 $V + 2U = -64\theta^5 + 608\theta^4 - 2210\theta^3 + 3840\theta^2 - 3200\theta + 1024$，令 $h(\theta) = V + 2U$，可得 $h'(\theta) = -320\theta^4 + 2432\theta^3 - 6630\theta^2 + 7680\theta - 3200$，$h''(\theta) = -1280\theta^3 + 7296\theta^2 - 13260\theta + 7680 > 0$，又因为 $h'(1) = -38$，因此 $h(\theta)$ 在 $(0, 0.94)$ 单调递减，因为 $h(0.94) = 1.16$，当 $0 < \theta \leqslant 0.94$ 时 $V + 2U > 0$，又因为 $c_o < 1 - \frac{\theta}{2-\theta}$，所以函数 $g(c_o)$ 在 $(0,1)$ 单调递增，所以 $g(c_o) < g\left(1 - \frac{\theta}{2-\theta}\right) = (\theta - 1)\frac{\theta(4-\theta)^2(16\theta^4 - 124\theta^3 + 356\theta^2 - 447\theta + 208)}{(2-\theta)^2}$，又令 $H(\theta) = (4-\theta)^2(16\theta^4 - 124\theta^3 + 356\theta^2 - 447\theta + 208)$，可得 $H'(\theta) = 64\theta^3 - 372\theta^2 + 721\theta - 447 = (64\theta^3 - 64\theta^2) - (308\theta^2 - 712\theta + 404) - 43 < 0$，$H(1) = 9$，因此 $H(\theta) > 0$，即 $g(c_o) < 0$。

命题 6 证明：

$$p_o^R - p_c^R = \frac{c_o\theta - 2\theta^2 - 2c_o + 8\theta - 6}{2(\theta - 4)}$$

$$p_o^{RR} - p_c^{RR} = \frac{2c_o\theta^3 - 4\theta^4 - 13c_o\theta^2 + 34\theta^3 + 26c_o\theta - 100\theta^2 - 16c_o + 118\theta - 48}{(4\theta^2 - 17\theta + 16)(\theta - 4)}$$

$$(p_o^R - p_c^R) - (p_o^{RR} - p_c^{RR}) = \frac{\theta[(\theta - 2)c_o - (2\theta^2 - 8\theta + 6)]}{2(4\theta^2 - 17\theta + 16)(\theta - 4)} > 0$$

$$w_o^R - w_c^R = \frac{(2-\theta)(1 + c_o - \theta)}{4 - \theta},$$

$$w_o^{RR} - w_c^{RR} = \frac{3c_o\theta^2 - 2\theta^3 - 10c_o\theta + 11\theta^2 + 8c_o - 17\theta + 8}{4\theta^2 - 17\theta + 16}$$

$$(w_o^R - w_c^R) - (w_o^{RR} - w_c^{RR}) = \frac{\theta(1-\theta)[(2-\theta)c_o + (2\theta^2 - 8\theta + 6)]}{(4\theta^2 - 17\theta + 16)(\theta - 4)} < 0$$

猪肉可追溯体系有助于保障猪肉质量安全吗

——基于三省市396家养猪场户问卷调查数据的实证验证*

刘增金**

摘　要：为了回答和实证验证“猪肉可追溯体系有助于保障猪肉质量安全吗”这一现实问题，本文利用对北京、河南、湖南三省市的396家养猪场户调查获得的问卷数据，通过构建双变量Probit模型，实证分析追溯体系参与行为与认知对养猪场户质量安全行为的作用机理与作用效果。研究发现：猪肉可追溯体系有助于提升猪肉质量安全水平，具体表现在，耳标佩戴工作通过直接影响养猪场户的可追溯体系参与认知而间接影响其质量安全行为；生猪养殖环节存在质量安全隐患，主要表现为兽药使用不规范，对消费者危害最大的是使用禁用药，31.57%的养猪场户在过去一年中使用过禁用药；生猪养殖环节开展猪肉可追溯体系建设的基础条件较好，但仍存在一定问题，尤其在耳标佩戴和检疫证获取方面需要加强监管；除了追溯体系参与认知变量，养殖方式、生猪销售方式、兽药采购方式等变量也显著影响养猪场户的兽药使用行为。最终从加强猪肉可追溯体系建设、加大猪肉可追溯体系宣传力度、鼓励规模化和标准化养殖、建立兽药销售商和生猪收购商登记在案制度与信用评级制度等方面提出对策建议。

关键词：猪肉可追溯体系　质量安全效应　养猪场户　质量安全行为

---

* 本文是国家自然科学基金青年项目“基于监管与声誉耦合激励的猪肉可追溯体系质量安全效应研究：理论与实证”（编号：71603169）的阶段性研究成果。

** 刘增金，副研究员，博士，主要从事农业经济理论与政策、生猪产业经济、食品安全管理等方面研究。

一　引言与文献综述

食品安全问题的解决始终是关系国计民生的大事，猪肉作为中国大多数地区居民消费的主要肉类食品之一，如何保障其质量安全水平至关重要。信息不对称被公认为是食品安全问题产生的根本原因，[1]因此不少学者从理论上探讨建立食品可追溯体系在解决食品安全问题方面的积极作用，[2]而政府也在食品可追溯体系建设方面投入大量人力、财力、物力。就猪肉而言，其产业链更长、利益关系更复杂，信息不对称问题更严重，[3]现实中猪肉质量安全事件也是屡见报端，如“瘦肉精事件”“注水肉事件”等。理论上讲，猪肉可追溯体系的建设有助于信息不对称问题的解决，也有助于猪肉质量安全问题的解决。现实问题在于，生猪产业链条过长、利益关系复杂给猪肉可追溯体系的实现造成很大困难，[4]这使得猪肉可追溯体系解决猪肉质量安全问题的作用大打折扣。因此，在当前中国大力建设猪肉可追溯体系的背景下，大家很关注的问题是：猪肉可追溯体系建设到底是否有助于提升猪肉质量安全水平？这显然是一个很有现实意义的问题。

梳理相关文献发现，已有研究并未就“猪肉可追溯体系质量安全效应的现实效果如何”或者“猪肉可追溯体系实现溯源是否有助于规范生产经营者质量安全行为”这样一个具有现实意义的重大问题展开实证探讨和验证。刘增金等（2016）为探讨猪肉可追溯体系对保障猪肉质量安全的作用，构建政府契约激励模型和市场声誉机制模型进行理论探讨，利用北京市实地调查的2家生猪屠宰加工企业的典型案例展开实证分析。[5]结果表明：猪肉可追溯体系通过质量安全监控力度的增强和声誉机制起到规范屠宰企业质量安全行为的作用；猪肉可追溯体系建设带来的政府监管力度和监管效率的提高有助于遏制屠宰企业的道德风险活动和机会主义行为；声誉机制在解决猪肉质量安全问题上可以和显性激励机制一样起到激励约束屠宰企业质量安全行为的作用，但声誉机制作用的发挥受到猪肉溯源水平的影响。该研究为本文研究提供了较好的理论基础，遗憾的是，该研究仅以2家生猪屠宰加工企业为案例实证分析了猪肉可追溯体系质量安全效应的实证效果，并未更广泛深入地探讨猪肉可追溯体系对规范生猪产业链其他利益主体质量安全行为作用的实证效果。

从 20 世纪 90 年代中后期开始，我国就开始探索食品可追溯体系建设，特别是以奥运会和世博会为契机，在食品可追溯体系建设上取得了良好的成效。2015 年 10 月 1 日起新施行的《食品安全法》中对建立食品安全追溯体系做出了更为明确的规定。农业部的农垦农产品质量追溯系统、商务部的肉类蔬菜流通追溯体系大大推动了猪肉可追溯体系建设。当前猪肉可追溯体系建设的主要目标是溯源，相关工作也是围绕这一目标而展开的，因此猪肉可追溯体系建设的作用主要在于给生猪产业链各环节利益主体带来观念上的转变，参与可追溯体系可以提高各利益主体对生猪和猪肉溯源能力的信任水平，使其认识违法违规的风险和成本，起到规范其质量安全行为的作用，从而有助于提升猪肉质量安全水平。应该认识到，上述作用发挥的关键在于产业链各环节利益主体是否知道或认识到自己的猪场、屠宰厂或销售摊位参与到可追溯体系中，而这又直接取决于政府对猪肉可追溯体系建设工作的落实力度。

已有研究表明，生猪产业链包括生猪养殖、生猪流通、生猪屠宰加工、猪肉销售等环节，产业链各个环节利益主体的质量安全行为都会影响猪肉质量安全[6,7]。养猪场户作为猪肉供应链的源头，其质量安全行为对于保障猪肉质量安全具有非常重要的作用。[8]因此，本文更关注养猪场户的质量安全行为如何以及猪肉可追溯体系建设对养猪场户的质量安全行为产生什么影响。如果猪肉可追溯体系建设对养猪场户的质量安全行为具有积极作用，那么就可以认为猪肉可追溯体系有助于从源头保障猪肉质量安全。基于此，本文利用对北京、河南、湖南三省市的 396 家养猪场户调查获得的问卷数据，实证分析养猪场户的质量安全行为及其影响因素，重点考察追溯体系参与行为与认知对养猪场户质量安全行为的作用机理与作用效果，以期回答和实证验证“猪肉可追溯体系有助于保障猪肉质量安全吗”这一具有重要现实意义的问题，并提出对策建议，这有助于为促进猪肉可追溯体系建设和保障猪肉质量安全提供客观依据。根据研究目的和思路而设计的调查问卷主要包括以下几部分内容：第一部分是养猪场户的个体基本特征与基本经营情况；第二部分是养猪场户生产经营的纵向协作情况；第三部分是养猪场户的质量安全控制情况；第四部分是养猪场户的质量安全认知与监管情况；第五部分是养猪场户参与猪肉可追溯体系的认知与行为。

二 理论分析与计量模型构建

（一）理论分析

关于养猪场户质量安全行为的影响因素已有不少研究。学者们一般认为影响养猪场户质量安全行为的因素包括养殖场户个体基本特征、养殖基本情况、纵向协作关系、质量安全认知、外界监管情况等[9~13]，但已有研究并未就猪肉可追溯体系对养猪场户质量安全行为的影响展开分析。有鉴于此，本文除了考察上述因素对养猪场户质量安全行为的影响，还尝试厘清猪肉可追溯体系建设对养猪场户质量安全行为的作用机理，并对其作用程度进行定量分析。

猪肉可追溯体系的最终目的是为了保障猪肉质量安全，从这个意义上讲，可以将其界定为一种质量安全策略，但当前猪肉可追溯体系的直接目标是溯源，溯源如何能保障猪肉质量安全才是需要厘清的关键问题。“可追溯性”是食品可追溯体系的核心概念，[14]欧盟将“可追溯性”定义为：在食品、饲料、用于食品生产的动物、或用于食品或饲料中可能会使用的物质，在全部生产、加工和销售过程中发现并追寻其痕迹的可能性。“可追溯性”的定义实质上反映了食品的溯源能力，就猪肉而言，可以将中国猪肉可追溯体系的溯源能力划分为四个水平，分别是追溯到猪肉销售商、生猪屠宰加工企业、养猪场户、生猪养殖饲料和兽药使用情况。这四个水平的实现难度是不断提高的。溯源对于消费者最直接的意义是保障消费者权益，比如消费者知情权，这在一定程度上降低了信息不对称程度，有助于解决市场失灵问题；而对于生产者最直接的意义则在于明确责任，使生产者在从事违法违规行为之前对其行为可能带来的后果有一个比较清晰的认识。

猪肉可追溯体系建设可以显著提高生猪购销商、生猪屠宰企业、猪肉销售商、猪肉消费者溯源至养猪场户的能力，有助于通过可追溯体系带来的监管激励和声誉激励的增强而起到规范养猪场户质量安全行为的作用。现实中，质量安全保障作用发挥的关键在于养猪场户是否认识到自己猪场参与到猪肉可追溯体系中，而这又直接取决于政府在生猪耳标佩戴、档案建立、检疫合格证获取等方面工作的落实力度。上述两个方面会提高养猪场户对溯源能力的信任水平，增加其违法违规风险和成本，从而起到规范其质量安全行为的作用。只有养殖场户认为自己猪场已参与到猪肉可追溯体系中，可追溯体系带来的监管激励和声誉激励的增强才能起到规范其质量安全行为的作用。因此，本研究提出以下研究假设：认为自己猪场已参与到猪肉可追溯体系的养猪场户的质量安全行为规范程度，要显著高于认为自己猪场未参与到猪肉可追溯体系的养猪场户；耳标佩戴、档案建立、检疫合格证获取工作落实更好的养猪场户，更加认为自己猪场已参与到猪肉可追溯体系中。据此形成图 1 的理论模型框架。

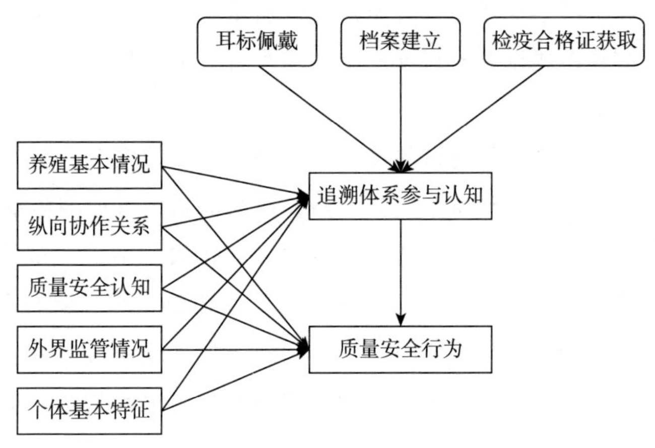

图 1　理论模型框架

（二）计量模型构建

假设养殖场户的质量安全行为（特指兽药使用行为）由一个潜在的效用水平变量 U 决定，在某个效用水平 U^* 以下，养殖场户会选择规范使用兽药，而在该效用水平以上，养殖场户不会选择规范使用兽药。养殖场户的兽药使用行为可以用下面的概率模型表示

$$\text{Probit}(Y = 1) = \text{Probit}(U > U^*) \tag{1}$$

$$\text{Probit}(Y = 0) = \text{Probit}(U \leqslant U^*) \tag{2}$$

其中，潜在效用水平变量由追溯体系参与认知、养殖基本情况、纵向协作关系、质量安全认知、外界监管情况、个体基本特征等因素共同决定，即 $U = \beta_0 + XB + \mu$，X 表示影响养殖场户效用的因素，也是影响养殖场户兽药使用行为的因素。模型概率函数采用标准正态分布函数形式，即 $\text{Probit}(Y) = \phi(\beta_0 + XB)$，因此需要估计的模型就可以转变成如下二元 Probit 模型

$$Y = f_1(T, G, Z, C, J, P, \mu_1) \tag{3}$$

其中，被解释变量 Y 是养猪场户兽药使用行为，1 表示不规范使用兽药，即使用禁用药，0 表示规范使用兽药，即不使用禁用药。T 是养殖场户追溯体系参与认知，认为自家猪场已参与到猪肉可追溯体系中用 1 表示，否则用 0 表示。其他解释变量中：G 是养殖基本情况变量，包括从业时间、养殖规模、养殖方式、出栏数量；Z 是纵向协作关系变量，包括农民专业合作社、生猪销售方式、生猪销售关系、饲料采购方式、饲料采购关系、兽药采购方式、兽药采购关系；C 是质量安全认知变量，包括饲料添加剂和兽药使用规定了解程度；J 是外界监管变量，包括检测水平认知、收购方监管力度、政府监管力度；P 是养殖场户个体基本特征变量，包括性别、年龄、学历；μ_1 是残差项。

另外，根据前文理论分析，养猪场户的猪肉可追溯体系参与认知受到政府在耳标佩戴、档案建立、检疫合格证获取等方面工作落实情况的影响。据此再建立如下模型

$$T = f_2(IV, G, Z, C, J, P, \mu_2) \tag{4}$$

其中，Ⅳ 包括耳标佩戴、档案建立、检疫合格证获取；μ_2 是残差项。

模型自变量的定义见表 1。

表 1　自变量定义

变量名称	含义与赋值	均值	标准差
追溯体系参与认知	您认为自家猪场是否已参与到猪肉可追溯体系中：是 =1，否 =0	0.59	0.49
耳标佩戴	猪场养殖的育肥猪是否全部戴有耳标：是 =1，否 =0	0.73	0.44

续表

变量名称	含义与赋值	均值	标准差
档案建立	猪场是否建有生猪养殖档案或防疫档案：是 =1，否 =0	0.91	0.28
检疫合格证获取	猪场生猪在每次销售时是否都获得动物检疫合格证：是 =1，否 =0	0.82	0.39
从业时间	场长从业时间（实际数值，单位：年）	13.52	6.12
养殖规模	猪场能繁母猪年末存栏数量：50 头及以上 =1，50 头以下 =0	0.49	0.50
养殖方式	猪场是否采用全进全出养殖方式：是 =1，否 =0	0.44	0.50
出栏数量	猪场育肥猪平均每次出栏量：50 头及以上 =1，50 头以下 =0	0.47	0.50
专业合作社	是否加入农民专业合作社：是 =1，否 =0	0.35	0.48
生猪销售方式	生猪销售时通常采用什么方式：市场自由交易 =1，协议或一体化 =0	0.56	0.50
生猪销售关系	和生猪收购方是否有固定合作关系：是 =1，否 =0	0.41	0.49
饲料采购方式	购买饲料时通常采用什么方式：市场自由交易 =1，协议或一体化 =0	0.50	0.50
饲料采购关系	是否和饲料销售方有固定合作关系：是 =1，否 =0	0.66	0.48
兽药采购方式	通常采用什么方式购买兽药：市场自由交易 =1，协议或一体化 =0	0.67	0.47
兽药采购关系	和兽药销售方是否有固定合作关系：是 =1，否 =0	0.53	0.50
规定了解程度	您对饲料添加剂和兽药使用规定的了解程度如何：非常了解、比较了解 =1，一般了解、不太了解、很不了解 =0	0.67	0.47
检测水平认知	您是否相信禁用饲料添加剂和兽药可以从生猪中检测出来：非常相信、比较相信 =1，一般相信、不太相信、很不相信 =0	0.89	0.31
收购方监管力度	生猪收购方在生猪养殖质量安全方面的检测和惩治力度如何：非常强、比较强 =1，一般、比较弱、非常弱 =0	0.65	0.48
政府监管力度	政府在生猪养殖质量安全方面的检测和惩治力度如何：非常强、比较强 =1，一般、比较弱、非常弱 =0	0.85	0.36
性别	性别：男性 =1，女性 =0	0.81	0.39
年龄	年龄（实际数值，单位：周岁）	49.49	8.33
学历	学历（高中/中专及以上 =1，高中/中专以下 =0）	0.56	0.50

三　数据来源与样本说明

（一）数据来源

本研究数据源于对北京、河南、湖南三省市的养猪场户进行的问卷调查。最终获得410份调查问卷，有效问卷396份，其中，北京183份、河南98份、湖南115份。本研究调研主要分为两个阶段：一是借助生猪产业技术体系北京市创新团队的平台，于2014年3～8月对北京市大兴、平谷、房山、顺义、通州、昌平6个郊区养猪场户的问卷调查；二是借助农业农村部农村经济研究中心固定合作观察点平台，于2017年12月对河南省驻马店、郑州、安阳、漯河、南阳、濮阳、洛阳、平顶山、信阳、焦作、开封11个地级市以及湖南省衡阳、郴州、永州、邵阳、长沙、娄底、株洲、岳阳、常德、怀化、湘潭11个地级市养猪场户的问卷调查。样本分布情况见表2。

表2　样本分布情况

单位：份，%

省市	城区	样本数	占比	省市	城区	样本数	占比	省市	城区	样本数	占比
河南	驻马店	25	6.31	湖南	衡阳	26	6.57	北京	平谷	54	13.63
	郑州	12	3.03		郴州	23	5.81		顺义	46	11.61
	安阳	11	2.78		永州	16	4.04		房山	40	10.10
	漯河	8	2.02		邵阳	11	2.78		大兴	26	6.57
	南阳	8	2.02		长沙	11	2.78		昌平	15	3.78
	濮阳	8	2.02		娄底	9	2.27		通州	2	0.50
	洛阳	7	1.77		株洲	7	1.77				
	平顶山	6	1.52		岳阳	6	1.52				
	信阳	6	1.52		常德	4	1.01				
	焦作	6	1.52		怀化	1	0.25				
	开封	1	0.25		湘潭	1	0.25				

（二）样本说明

样本基本特征如表3所示。从性别看，受访者中男性居多，占到

81.31%。从年龄看，40～59 岁年龄段的受访者占总样本数的 77.78%，18～39 岁、60 岁及以上的人只占 10.10%、12.12%，生猪养殖是一项繁重的工作，年轻人不愿意做，年纪大的人难以坚持，因此从业者多为中年人。从学历看，接近一半的受访者只有初中及以下学历，43.69% 的人具有高中/中专学历，只有 11.87% 的人具有本科/大专学历，总体来看，养猪场户的学历水平普遍不高，这也是养猪行业的一个现状。从从业时间看，23.74% 的受访者从事生猪养殖的年限在 10 年以下，59.34% 的人从业时间在 10～19 年，从业时间超过 20 年的人只占 16.92%，生猪养殖是一项具有较长盈利周期性且需要经验积累的工作，并且虽然生猪养殖工作较累，但固定成本投入较大、从业者机会成本并不高，因此多数从业者从事生猪养殖的年限较长。从养殖规模看，12.88% 的猪场能繁母猪数量在 10 头以下，36.36% 的猪场能繁母猪数量在 10～49 头，20.20% 的猪场能繁母猪数量在 50～99 头，30.56% 的猪场能繁母猪数量达到 100 头及以上。从养殖方式看，43.69% 的受访猪场采用全进全出的养殖方式。从出栏数量看，46.97% 的受访猪场平均每次的生猪出栏量在 50 头以下，每次生猪出栏量过低会给生猪和猪肉可追溯体系建设带来很大困难，而这与生猪养殖规模和养殖方式等具有一定关系。

表 3　样本基本特征

单位：份，%

项目	选项	样本数	比例
性别	男	322	81.31
	女	74	18.69
年龄	18～39 岁	40	10.10
	40～59 岁	308	77.78
	60 岁及以上	48	12.12
学历	小学及以下	21	5.30
	初中	155	39.14
	高中/中专	173	43.69
	本科/大专	47	11.87
	研究生	0	0.00

续表

项目	选项	样本数	比例
从业时间	5 年以下	20	5.05
	5 ~ 9 年	74	18.69
	10 ~ 19 年	235	59.34
	20 ~ 29 年	60	15.15
	30 年及以上	7	1.77
养殖规模	10 头以下	51	12.88
	10 ~ 49 头	144	36.36
	50 ~ 99 头	80	20.20
	100 头及以上	121	30.56
养殖方式	全进全出方式	173	43.69
	非全进全出方式	223	56.31
出栏数量	50 头以下	186	46.97
	50 头及以上	210	53.03

四　模型估计结果与分析

（一）养猪场户兽药使用行为与可追溯体系参与情况的描述分析

1. 养猪场户的兽药使用行为

一般观点认为，猪肉质量安全隐患多产生于生猪养殖环节，生猪养殖环节的主要利益相关者是养猪场户，该环节可能产生的猪肉质量安全隐患主要是病死猪销售、生猪注水、禁用药使用和药物残留超标等。通过调查分析结果可知，生猪养殖环节的质量安全隐患主要在于养猪场户兽药使用行为不规范，因此，本文将养猪场户兽药使用行为作为养猪场户质量安全行为的具体衡量指标来开展研究。

为了保健康、促生长，兽药的使用是几乎所有养猪场户都要面临的，这其中就牵涉到使用是否规范问题。兽药使用是否规范主要是从猪肉质量安全的角度考虑的。在进一步分析养殖场户兽药使用规范情况之前，需要首先明确兽药的用途，主要包括三个：其一，用于预防疫病；其二，用于治疗疾病；其三，用于饲料添加剂①。在此基础上再讲兽药使用规范。兽药不规范使用行为主要包括三类：第一，使用禁用药；第二，没有执行药物休药期；第三，加大药物使用剂量。[15] 其中，对消费者危害最大的是使用禁用药，调查发现，31.57% 的受访养殖场户在过去一年中使用过禁用药②。

应该认识到，禁用药使用是一个非常敏感的问题，如果直接问受访者是否使用过禁用药，那么会有很大一部分人使用过禁用药却不承认，同时也可能有一部分人实际上使用过禁用药，却不知道其是禁用药。基于此，本研究采取以下措施以尽可能真实反映养猪场户使用禁用药情况：一方面，问卷设计时并非直接问养殖场户是否使用禁用药，而是依据中华人民共和国农业部公告（第 176 号和第 193 号）中规定的禁用药清单设计选项，并添加部分营养类饲料添加剂和允许使用的兽药作为选项，让受访者从中做出选择，问卷中列出的禁用药包括了农业部相关规定中主要的禁用药种类，尤其是兴奋剂类，如盐酸克仑特罗、莱克多巴胺、沙丁胺醇；另一方面，问卷调查时向受访者说明调查结果仅用于科研项目研究，不用于其他用途，打消受访者的疑虑，以尽可能获得最真实可靠的结果。同时，还要说明的是，为保障动物产品质量安全，维护公共卫生安全，农业部近几年不断加大兽药风险评估和安全再评价工作力度，近三年共禁止了 8 种兽药用于食品动物，尤其是 2015 年禁止洛美沙星、培氟沙星、氧氟沙星、诺氟沙星等 4 种人兽共用抗菌药物用于食品动物。由于本研究问卷调查涉及两个阶段，这也意味着问卷题目选项中的“诺氟沙星”在 2014 年调查时还不属于禁用药，2017 年调查时已属于禁用药，本研究在界定是否使用过禁用药问题上，严格遵守现实中相关规定。

---

① 饲料添加剂可以分为营养类添加剂和非营养类添加剂，后者又包括生长促进剂、驱虫保健剂、药物保藏剂和其他添加剂等，其中生长促进剂基本都是一些药物。

② 问卷中该问题设计为“去年至今猪场使用过下列哪一种或哪几种饲料添加剂和兽药？（可多选）”，选项具体包括“①微生态制剂②盐酸克仑特罗③莱克多巴胺④维生素⑤沙丁胺醇⑥土霉素⑦氯霉素⑧安定⑨磺胺嘧啶⑩氯丙嗪（冬眠灵、可乐静）⑪甲基睾丸酮⑫碘化酪蛋白⑬诺氟沙星⑭苯甲酸雌二醇⑮玉米赤霉醇（畜大壮）⑯青链霉素⑰头孢氨苄⑱抗生素滤渣⑲己烯雌酚⑳呋喃唑酮（痢特灵）㉑呋喃丹（克百威）㉒林丹（六六六）㉓苯丙酸诺龙㉔甲硝唑㉕地美硝唑㉖硝基酚钠㉗都没用过（用的其他药物）”。

2. 养猪场户对猪肉可追溯体系的参与认知与行为

调查发现，295 位受访养猪场户表示本次调查之前知道“生猪和猪肉可追溯体系”或“可追溯猪肉”，占总样本数的 74.49%，这其中有 163 人认为自家猪肉已参与到猪肉可追溯体系中，占总样本数的 41.16%。可见，养猪场户对猪肉可追溯体系的认知度整体较高，这与猪肉可追溯体系建设的大力推进和宣传具有密切关系。另外，生猪耳标佩戴、养殖档案建立、检疫合格证获取是关系猪肉可追溯体系建设能否顺利推进的基础工作，[16] 尤其是生猪耳标和生猪检疫合格证是生猪和猪肉溯源的最直接和有效的凭据。调查发现，72.98% 的受访养猪场户表示猪场养殖的育肥猪全部佩戴有耳标，但也有 27.02% 的养猪场户的育肥猪或多或少存在未佩戴耳标或耳标脱落的情况；91.16% 的受访养猪场户表示猪场建有生猪养殖档案或防疫档案；81.57% 的受访养猪场户表示生猪出售时都获有动物检疫合格证。① 总的来说，猪肉可追溯体系建设的基础工作开展较好，但也存在一定问题，尤其在耳标佩戴和检疫合格证获取方面，需要加强监管，严格落实。

（二）养殖场户质量安全行为影响因素的计量分析

将前文式（3）和式（4）构成联立方程组，若上述两个方程的残差项之间存在相关性，则采用单一方程估计法并不是最有效率的，但若两个方程的残差项不存在相关性，那么对式（3）和式（4）分别进行估计是可行的（陈强，2010）。鉴于此，本文首先对式（3）和式（4）残差项之间相关性进行 Hausman 检验。检验结果发现，Rho = 0 的似然比检验的卡方值为 13.975，相应 p 值为 0.0002，在 1% 的显著性水平下拒绝原假设，说明两式的残差项显著相关，此时对两个方程进行联立估计是必要的。本文运用 stata13.0 选择有限信息极大似然法（LIML）对式（3）和式（4）组成的

① 这里需要说明的是，生猪购销商收购生猪是以车次（批次）为单位，一般而言，一辆运输大车可以容纳 100 ~ 200 头生猪，一辆运输小车可以容纳 50 ~ 100 头生猪，而当前不同养猪场户的每次生猪出栏量存在很大差异，因此，每一车次的生猪可能归属好几家养猪场户，生猪购销商会在收购满一车生猪后再由动监部门开具一张动物检疫合格证，这就造成部门养猪场户表示未获得生猪检疫合格证。这种情况虽然生猪也经过检疫，但由于不同养殖场户的质量安全行为存在差异，而检疫是以批次为单位进行抽检的，因此这种情况不仅给生猪和猪肉可追溯体系建设带来困难，也存在一定的质量安全隐患。

双变量 Probit 模型进行估计，[17] 结果见表 4。

表 4　模型估计结果

变量名称	质量安全行为		追溯体系参与认知	
	系数	Z 值	系数	Z 值
追溯体系参与认知	-1.528***	-12.84	-	-
耳标佩戴	-	-	0.324***	2.61
档案建立	-	-	0.338	1.40
检疫合格证获取	-	-	0.191	1.31
从业时间	0.008	0.73	0.013	1.12
养殖规模	-0.087	-0.57	0.419***	2.57
养殖方式	-0.212*	-1.66	-0.034	-0.25
出栏数量	-0.050	-0.34	-0.054	-0.34
专业合作社	-0.029	-0.22	-0.252*	-1.74
生猪销售方式	0.334**	2.28	0.046	0.29
生猪销售关系	-0.020	-0.14	0.135	0.85
饲料采购方式	-0.072	-0.47	-0.110	-0.67
饲料采购关系	0.079	0.52	-0.079	-0.48
兽药采购方式	-0.275*	-1.68	-0.167	-0.94
兽药采购关系	0.148	1.02	-0.025	-0.15
规定了解程度	0.040	0.29	0.137	0.91
检测水平认知	0.249	1.22	0.249	1.12
收购方监管力度	0.043	0.32	0.105	0.71
政府监管力度	0.218	1.10	0.600**	2.56
性别	0.198	1.22	0.361**	1.97
年龄	0.002	0.25	-0.017*	-1.95
学历	0.181	1.39	0.201	1.41
常数项	-0.449	-0.90	-0.675	-1.15
Wald chi^2	302.37			
Prob > chi^2	0.0000			

注：*、**、*** 分别表示 10%、5%、1% 的显著性水平。

1. 猪肉可追溯体系是否有助于保障猪肉质量安全的实证验证结果

由模型估计结果可知，追溯体系参与认知显著影响养猪场户的兽药使用行为，同时耳标佩戴又显著影响养猪场户追溯体系参与认知，即认为自己猪场已参与到猪肉可追溯体系的养猪场户的兽药使用行为不规范（使用禁用药）的可能性，要低于认为自己猪场未参与到猪肉可追溯体系的养猪场户；耳标佩戴工作直接影响到养猪场户是否认为自己猪场参与到猪肉可追溯体系中，猪场养殖的育肥猪全部戴有耳标的养猪场户，比那些猪场的育肥猪并未全部戴有耳标的养猪场户，更倾向于认为自己猪场已参与到猪肉可追溯体系中。这很好地验证了本文研究假说，证实了认为自己猪场已参与到猪肉可追溯体系的养猪场户的质量安全行为规范程度，要显著高于认为自己猪场未参与到猪肉可追溯体系的养猪场户，耳标佩戴工作通过直接影响养猪场户的可追溯体系参与认知而间接影响其质量安全行为。上述结果也验证了猪肉可追溯体系建设确实有助于从源头保障猪肉质量安全。

2. 其他变量对养猪场户兽药使用行为的影响分析

除了追溯体系参与认知变量，养殖方式、生猪销售方式、兽药采购方式 3 个变量也显著影响养猪场户的兽药使用行为。

第一，养殖方式反向显著影响养猪场户的兽药使用行为，即采用全进全出养殖方式的养猪场户的兽药使用行为比未采用全进全出养殖方式的养猪场户更加规范的可能性更大。相比非全进全出的猪场，采用全进全出养殖方式的猪场的管理水平相对较高，环境卫生条件更加干净整洁，生猪疫病发生率更低，疫病防治更为准确及时，因此其兽药使用行为相对更加规范。

第二，生猪销售方式正向显著影响养猪场户的兽药使用行为，即主要通过市场自由交易方式销售生猪的养猪场户的兽药使用行为比通过协议或一体化方式销售生猪的养猪场户更加规范的可能性更大。这与预期作用方向不一致，可能的原因在于：生猪经销商与养猪场户之间是现场定级结算，而生猪屠宰企业与生猪经销商之间是宰后定级结算，定级的标准包括出肉率、膘肥瘦、含水量等。因此，在市场自由交易情境下，生猪购销商有足够动力严格控制养猪场户的质量安全行为。但在猪源紧张的情况下，生猪购销商会为了保证猪源，与养猪场户达成生猪收购协议（口头或书面协议），这其中不乏小规模猪场或散户，此时生猪购销商对养猪场户的质量安全行为要求也会有所降低，从而使得兽药使用不规范行为发生的可能性增大。

第三，兽药采购方式反向显著影响养猪场户的兽药使用行为，即主要通过市场自由交易方式采购兽药的养猪场户的兽药使用行为比通过协议或一体化方式采购兽药的养猪场户更加规范的可能性要小。我国建立了较为严格的兽药销售管理制度，与养猪场户通过协议或一体化方式销售兽药的销售商更加正规，通常在相关政府部门登记备案并对其严格规范管理，而通过市场自由交易销售兽药的销售商中更有可能存在一些小规模、管理差的兽药店，政府对其监管薄弱，由此更有可能存在禁用药销售的情况。

3. 其他变量对养猪场户追溯体系参与认知的影响分析

除耳标佩戴变量，养殖规模、专业合作社、政府监管力度、性别、年龄 5 个变量显著影响养猪场户的追溯体系参与认知。第一，养殖规模正向显著影响养猪场户的追溯体系参与认知，即相比猪场能繁母猪年末存栏数量在 50 头以下的养猪场户，能繁母猪数量在 50 头及以上的养猪场户认为自己猪场已参与到猪肉可追溯体系中的可能性更大。第二，专业合作社反向显著影响养猪场户的追溯体系参与认知，即相比未加入专业合作社的养猪场户，加入专业合作社的养猪场户认为自己猪场已参与到猪肉可追溯体系中的可能性更小。第三，政府监管力度正向显著影响养猪场户的追溯体系参与认知，即认为政府在生猪养殖质量安全方面的检测和惩治力度强的养猪场户认为自己猪场已参与到猪肉可追溯体系中的可能性更大。第四，性别正向显著影响养猪场户的追溯体系参与认知，即男性受访者认为自己猪场已参与到猪肉可追溯体系中的可能性更大；年龄反向显著影响养猪场户的追溯体系参与认知，即年龄大的受访者认为自己猪场已参与到猪肉可追溯体系中的可能性更小。

五　主要结论与政策含义

（一）主要结论

本文主要提出猪肉可追溯体系建设是否有助于提升猪肉质量安全水平这一重大问题，并利用对北京、河南、湖南三省市的 396 家养猪场户调查获得的问卷数据，来实证验证这一问题。研究证实了猪肉可追溯体系有助于提升猪肉质量安全水平，具体表现在，耳标佩戴工作通过直接影响养猪场户的可追溯体系参与认知而间接影响其质量安全行为，即猪场养殖的育肥猪全部戴有耳标的养猪场户，比那些猪场的育肥猪并未全部戴有耳标的养猪场户，更倾向于认为自己猪场已参与到猪肉可追溯体系中；而认为自己猪场已参与到猪肉可追溯体系的养猪场户的兽药使用行为不规范的可能性，要低于认为自己猪场未参与到猪肉可追溯体系的养猪场户。

本文还得出其他结论：生猪养殖环节存在质量安全隐患，主要表现为兽药使用不规范，对消费者危害最大的是使用禁用药，31.57%的养猪场户在过去一年中使用过禁用药；生猪养殖环节开展猪肉可追溯体系建设的基础条件较好，但仍存在一定问题，74.49%的养殖场户表示知道“猪肉可追溯体系”或“可追溯猪肉”，并且41.16%的养殖场户认为自己的猪场已参与到猪肉可追溯体系中，72.98%的养猪场户表示养殖的育肥猪全部佩戴有耳标，91.16%的养猪场户表示猪场建有生猪养殖档案或防疫档案，81.57%的养猪场户表示生猪出售时都获有动物检疫合格证。另外，除了追溯体系参与认知变量，养殖方式、生猪销售方式、兽药采购方式等变量也显著影响养猪场户的兽药使用行为。

（二）政策含义

本文研究结论主要蕴含了以下政策启示：一是，政府应该继续加强猪肉可追溯体系建设以保障猪肉质量安全，通过培训等渠道向生猪养殖场户加大猪肉可追溯体系宣传力度，提高养殖场户对猪肉溯源追责能力的认识和信任水平，从而起到规范养殖场户质量安全行为的作用，同时做好生猪耳标佩戴、养殖档案建立以及动物检疫合格证获取等工作的规范和监管，为猪肉可追溯体系建设提供良好的基础条件；二是，针对生猪养殖场户存在兽药使用不规范的情况，政府还应该加强监管，可以从鼓励规模化和标准化养殖、建立兽药销售商和生猪收购商登记在案制度与信用评级制度等方面做出努力。

参考文献

[1] Caswell, J. A. and Mojduszka, E. M., "Using Informational Labeling to Influence the Market for Quality in Food Products," *American Journal of Agricultural Economics*, 1996, 78 (5): 1248 - 1258.

[2] Hobbs, J. E., "Information asymmetry and the Role of Traceability Systems," *Agribusiness*, 2004, 20 (4): 397 - 415.

[3] Antle, J. M., *Choice and Efficiency in Food Safety Policy* (Washington, D. C: AEI Press 1995).

[4] 周洁红、陈晓莉、刘清宇：《猪肉屠宰加工企业实施质量安全追溯的行为、绩效及政策选择》，《农业技术经济》2012 年第 8 期。

[5] 刘增金、乔娟、张莉侠：《猪肉可追溯体系质量安全效应研究——基于生猪屠宰加工企业的视角》，《中国农业大学学报》2016 年第 10 期。

[6] 刘增金、王萌、贾磊、乔娟：《溯源追责框架下猪肉质量安全问题产生的逻辑机理与治理路径——基于全产业链视角的调查研究》，《中国农业大学学报》2018 第 11 期。

[7] 王慧敏：《基于质量安全的猪肉流通主体行为与监管体系研究》，中国农业大学博士学位论文，2012。

[8] 孙世民：《基于质量安全的优质猪肉供应链建设与管理探讨》，《农业经济问题》2006 年第 4 期。

[9] Boger, S., "Quality and Contractual Choice: A Transaction Cost Approach to the Polish Hog Market," *European Review of Agricultural Economics*, 2001, 28 (3): 241 - 261.

[10] 吴学兵、乔娟：《养殖场（户）生猪质量安全控制行为分析》，《华南农业大学学报（社会科学版）》2014 年第 13 期。

[11] 孙世民、张媛媛、张健如：《基于 Logit-ISM 模型的养猪场（户）良好质量安全行为实施意愿影响因素的实证分析》，《中国农村经济》2012 年第 10 期。

[12] 王瑜、应瑞瑶：《养猪户的药物添加剂使用行为及其影响因素分析——基于垂直协作方式的比较研究》，《南京农业大学学报（社会科学版）》2008 年第 8 期。

[13] 刘万利、齐永家、吴秀敏：《养猪农户采用安全兽药行为的意愿分析——以四川为例》，《农业技术经济》2007 年第 1 期。

[14] 谢菊芳：《猪肉安全生产全程可追溯系统的研究》，中国农业大学博士学位论

文，2005。

[15] 刘增金、乔娟、张莉侠：《溯源能力信任对养猪场户质量安全行为的影响——基于北京市 6 个区县 183 位养猪场户的调研》，《中国农业资源与区划》2016 年第 11 期。

[16] 刘增金：《基于质量安全的中国猪肉可追溯体系运行机制研究》，中国农业大学博士学位论文，2015。

[17] 威廉 · H. 格林：《计量经济分析》，张成思译，中国人民大学出版社，2011。

消费者行为与食品安全研究

食品安全和环境问题中 Knobe effect 的中日比较研究*

周　艳　朱　淀　吴林海　Sobei H. Oda**

摘　要：当行为产生的外部性为正时，人们认为行为实施者是无意为之；反之，当产生负外部性时，人们则认为行为实施者是有意为之。这一意图判断的不对称现象被称为诺布效应（Knobe effect）。本文将实验哲学与实验经济学有机融合起来，以猪肉生产企业为案例，就其生产行为是否有意破坏（改善）生态环境以及是否有意破坏（改善）猪肉质量安全，分别在中国、日本招募大学生进行意图判断实验，以验证是否存在 Knobe effect。为了确保实验参与者回答的真实性，在实验中导入以凯恩斯选美理论（Keynes beauty contest）为基准的金钱报酬机制，并且在行为实施者——企业——实施增加企业盈利的行为前加入了新的构想，即在实验中实验参与者不仅进行了选择，还预测了其他实验参与者的回答，从而检测验证在食品安全问题中是否存在 Knobe effect 现象。本文以猪肉的生产为案例在日本与中国进行了比较研究，获得了四个结论。结论一：当外部性为负时，人们普遍认为猪肉生产者有意图去损害消费者的利益，当外部性为正时，则认为猪肉生产者无意图去改善消费者利益，这一结论证明了 Knobe effect 跨文化的普遍性；结论二：无论事前是否确切知道外部性所造成的行为结

* 本文为 2019 年国家社科重点基金项目"新时代食品安全战略的科学内涵与制度体系框架设计研究"（编号：19AGL021）的阶段性研究成果。

** 周艳，日本京都产业大学经济学博士，研究方向为实验经济学、实验哲学。朱淀，苏州大学商学院副教授，吴林海，江南大学食品安全风险治理研究院首席专家，教授，博士生导师，Sobei H. Oda，日本京都产业大学经济学部教授。

果，仍然存在 Knobe effect，但是意图判断与外部性的结果存在依存关系；结论三：对同一事例进行个人意图判断评价和他人对于这一事例的意图判断评价做出预测时，如当外部性为负（正）时，自己对于此外部性认为是有意图的（无意图的），对他人的意图判断评价进行预测倾向于他人也同意或支持自己的判断；结论四：因中国与日本经济发展阶段不同，人们关注的问题也有所不同，即在中国，人们对于食品安全问题中负外部性事例的意图判断程度比环境问题中的高，而在日本则反之，日本更加注重环境方面。

关键词： 食品安全　Knobe effect　意图判断　实验经济学　实验哲学

一　引言

Chen et al. 的研究表明，在 2005 ~2014 年中国发生了 13278 起猪肉质量安全事件，且这些事件在包括生猪养殖、屠宰加工、流通销售等全程供应链体系的不同环节均不同程度地发生。[1] 吴林海等的研究认为，虽然中国猪肉质量安全事件发生的原因极其复杂，而且发达国家肉类及其制品也时常发生质量安全事件，但与发达国家相比较，中国的猪肉质量安全事件 90% 左右是由供应链中相关责任主体明知故犯的行为所导致，主要是少数责任主体为了追求经济利益而未能有效坚守确保猪肉质量安全的“责任原点”（responsibility origin）。[2] 在“拜金主义”横行的环境下，少数责任主体为了追求自身利益而无视消费者利益，通过非法手段获取最大利益的行为屡见不鲜，而食品安全事件的频发实质上反映了全社会道德的缺失，是社会道德丧失的一个缩影。[3]

Knobe 以环境为例的研究发现，如果生产者在生产过程中产生负向外部性时，较多的公众认为是生产者有意为之；而当产生正向外部性时，则较少的公众认为是生产者有意为之。[4] 这就是诺布效应（Knobe effect）或外部性效应（side-effect）。Knobe effect 主要揭示了现实中关于意图归属的道德判断的不对称现象：当行为结果的外部性为正时，人们倾向于判断行为实施者是无意导致的；但当行为结果的外部性为负时，人们则认为它在道德上存在瑕疵或严重缺失，并倾向于判断行为实施者是有意而为。Knobe effect 对于研究公众生产行为造成的不同外部性的意图判断有着重要的意义，尤其对研究食品安全事件发生后消费者对生产者意图判断具有重要的借鉴意义。在借鉴相关研究成果的基础上，本文主要采用实验经济学的方法，研究猪肉消费者对猪肉生产加工屠宰企业行为产生的不同外部性的意图判断，以验证 Knobe effect 在食品安全消费领域的普遍性及影响意图判断与外部性的关系。

二 文献综述

林毅夫指出，企业追求利益是天经地义的，但是由于外部性与信息不对称问题的存在，企业行为常常会不自觉地超出自身应有的边界，对利益相关者产生不利的影响，应提倡企业加强社会责任感并使企业的外部影响内部化。[5]黎雯、李秀娣研究了中国食品安全问题的现状及产生的原因，认为食品生产者诚信意识缺失、社会责任缺乏、道德水平低下是产生食品安全问题的重要原因。[6,7]吴林海等研究认为，对经济利益的疯狂追求且缺乏治理手段、依法治理力度不够是食品企业道德水平低下的主要原因。[2]刘平平的研究认为，经济行为本身不具备道德伦理的意蕴，经济行为自身无法满足“公平、公正、诚信”等道德需求。因此，需要道德原则来规范经济行为。[8]而如何判断生产者行为是否具有道德感则主要看生产者行为是有意为之还是无意为之。

意图是理解自己及他人行为的基础，也影响对行为的道德判断。无论是哲学还是心理学都认为，行为意图与行为结果在对个体行为的道德判断中具有重要的作用。[9~13] Bratman 的研究认为，为了完全了解人的行为意图，充分理解其在道德判断中的角色也是不可或缺的。[14] Heider、Malle 和 Knobe 的研究指出，大多数公众对意图的判断是基于共享的民俗观念（a shared folk concept of intentionality），并据此对相应的行为进行理解、说明或者批判。若行为发生的原因源于外部因素，则公众认为行为实施者是无意的；若行为发生的原因主要是自身因素，则公众认为行为实施者是有意的。[15,16] Malle 指出，公众判断行为是不是有意为之是一个瞬间的判断，如果是外部因素引发的则倾向于判定为无意行为，反之则认为是有意行为。[17] Knobe 和 Knobe et al. 通过实验证实，行为的善恶影响公众对行为实施者的意图判断，并且判断行为是不是有意比判断行为本身的善恶与对行为实施者的奖惩更加重要。[18、19]

Malle 探讨了意图判断与道德观之间的关系，认为人们做出否定性的道德判断比肯定性的道德判断对行为意图的信息的反应可能会更快，并验证了外部性在道德判断中的非对称性。[20] Ohtsubo 的研究认为，在道德判断中存在激化效应（intensification effect），即行为被认为是有意为之时，道德判断会更极端（赞赏或责难）。[21] Lagnado 和 Channon 通过实验发现，当行为结果不符合公众预期时，公众倾向于将责任归结于行为实施者。[22] Cushman 基于行为的因果性和意图性研究了道德判断，发现当产生不好的行为结果时，人们倾向于以行为结果为起点，根据因果来探究行为实施者的责任。[23]

当然，对 Knobe effect 也存在着诸多争议。意图判断对道德判断具有重要价值，这是较为普遍的共识。如，Knobe 强调道德判断对意图判断的影响，并提出了新的意图判断机制。[24] Nadelhoffer 提出外部性的不同性质均会对行为的意图判断产生影响，其中负外部性时尤为明显，并认为这是一种心理偏见，即为惩罚行为实施者而判断行为实施者是有意而为的。[25] Machery 的研究则认为 Knobe effect 与道德无关，仅是一种归因过程。[26] 杜晓晓、郑全全通过实验证实了中国文化背景下也存在 Knobe effect，且实验结果证实了公众的意图判断受到行为实施者预先信念和期望的影响，并把 Knobe effect 应用于研究行为者社会义务与意图判断的关系，认为行为实施者社会义务越强则越容易被判断其行为的实施是有意图的而产生了负外部性。[27] 杨英云的实验证明了 Knobe effect 的稳定性和普遍性，提出实验参加者的专业、出生地、道德责任判断等因素影响意图判断，负外部性时影响因素比较集中，而正外部性时影响因素比较分散。[28] 周艳验证了外部性判断者与行为实施者的亲疏关系影响实验参与者的意图判断。[29]

自 Knobe 以环境为例提出存在 Knobe effect 后，引起了学界的广泛关注，并应用于其他学科领域。[4] Utikal & Fischbacher 同样以环境事例为基础证实了 Knobe effect 的存在。[30] Knobe、Phillips et al. 证实了 Knobe effect 作为常见的心理学现象普遍存在于人们的意图判断之中。[31、32] Masaharu 将

Knobe effect 从环境为研究对象扩展到英语与日语的语言学领域，也验证了存在 Knobe effect 这一意图判断的不对称现象。[33]

研究现有的文献，以下问题可能值得进一步探讨：第一，意图判断并非如 Malle 所说是一个瞬间的判断，意图判断也依存于行为所带来的外部性结果。[17]第二，目前中外对 Knobe effect 的研究主要集中于环境。在多数情况下，企业往往既不承担其自身行为对环境造成影响的社会成本，也不享受其改善环境所带来的社会收益，具有典型的外部性特征，但企业必然在一定程度上将承担降低食品质量的成本，也会享受提高食品质量的收益，故食品质量并不具有典型的外部性特征。那么，食品质量领域与环境领域的 Knobe effect 是否会有所不同？第三，食品安全事件频发的国家，相对于食品安全事件较少发生的国家，是否都存在 Knobe effect？如果都存在，Knobe effect 的特征是否相同？为此，本文将以环境与食品安全为切入点，就中国与日本两国的 Knobe effect 做比较研究。

三　实验设计与具体实施

（一）验证 Knobe effect 的问题设计

为了进行对比，本文研究设计了两个部分的实验，具体如下。

1. 生产者有意破坏或改善生态环境的问题设计

实验的第一部分，在参考 Knobe 的基础上，以一家猪肉生产加工屠宰公司（以下简称猪肉公司）实施的新项目为案例，设计了如下的 A1、A2 与 B1、B2 四个问题。其中，相对于 A1、A2 而言，B1、B2 增加了外部性的不确定性，以验证外部性的不确定性对生产者实施新项目的行为是否存在 Knobe effect。[4]

A1. 猪肉公司的副经理对经理说：“我们开发了一个生猪屠宰的新项目，这个新项目会给公司带来利润，但此项目实施后会破坏周边的生态环境。”经理说：“我不关心环境的好坏，我只想尽可能地盈利！”于是猪肉公司开始了新的项目，结果是，公司利润增加，但破坏了周边的生态环境。

A2. 猪肉公司的副经理对经理说：“我们开发了一个生猪屠宰的新项

目，这个新项目不仅将给公司带来利润，而且此项目实施后会改善周边的生态环境。”经理说：“我不关心环境的好坏，我只想尽可能地盈利！”于是猪肉公司开始了新的项目，结果是，公司在增加利润的同时也改善了周边的生态环境。

B1. 猪肉公司的副经理对经理说：“我们开发了一个生猪屠宰的新项目，这个新项目会给公司带来利润，但也许会对周边的生态环境造成好的或者坏的影响。”经理说：“我不关心环境的好坏，我只想尽可能地盈利！”于是猪肉公司开始了新的项目。结果是，公司利润增加，破坏了周边的生态环境。

B2. 猪肉公司的副经理对经理说：“我们开发了一个生猪屠宰的新项目，这个新的项目会给公司带来利润，但也许会对周边的生态环境造成好的或者坏的影响。”经理说：“我不关心环境的好坏，我只想尽可能地盈利！”于是猪肉公司开始了新的项目。结果是，公司在增加利润的同时也改善了周边的生态环境。

2. 生产者有意或无意改善猪肉质量安全问题的设计

继续以上述猪肉公司为案例，以该公司使用更加便宜的饲料行为为主题，设计了如下的 C1、C2 与 D1、D2 四个问题，其中，D1、D2 相对于 C1、C2 而言增加了外部性的不确定性，以验证生产者采用更便宜饲料的行为是否存在 Knobe effect。

C1. 猪肉公司的副经理对经理说：“有一种更加便宜的饲料，使用这种新饲料不会对生猪加工屠宰的时间、产量及味道产生任何的影响，但会降低猪肉的质量。”经理说：“我不关心猪肉的质量，我只想尽可能地盈利！”于是猪肉公司开始使用这种饲料。结果是，公司增加了利润，猪肉质量却降低了。

C2. 猪肉公司的副经理对经理说：“有一种更加便宜的饲料，使用这种新饲料不会对生猪加工屠宰的时间、产量及味道产生任何的影响，甚至可以提高猪肉的质量。”经理说：“我不关心猪肉的质量，我只想尽可能地盈利！”于是猪肉公司开始使用这种饲料。结果是，公司增加了利润，而且猪肉的质量也提高了。

D1. 猪肉公司的副经理对经理说：“有一种更加便宜的饲料，使用这种新饲料不会对生猪加工屠宰的时间、产量及味道产生任何的影响，但可能提高也可能降低猪肉的质量。”经理说：“我不关心猪肉的质量，我只想尽可能地盈利!”于是猪肉公司开始使用这种饲料。结果是，公司增加了利润，猪肉的质量降低了。

D2. 猪肉公司的副经理对经理说：“有一种更加便宜的饲料，使用这种新饲料不会对生猪加工屠宰的时间、产量及味道产生任何的影响，可能提高也可能降低猪肉的质量。”经理说：“我不关心猪肉的质量，我只想尽可能地盈利!”于是猪肉公司使用了这种饲料。结果是，公司增加了利润，而且猪肉的质量也提高了。

对于上述相关问题的设计，特别需要说明的是：①B1、B2 相对于 A1、A2，D1、D2 相对于 C1、C2，增加了不确定性，即在 B1、B2、D1、D2 的四个问题中，公司经理并不清楚新项目的实施行为或更加便宜的饲料使用行为对生态环境或猪肉质量所带来的外部性是正向还是负向。②本研究不仅着眼于与实验参与者切身利益不直接相关的意图判断（环境污染所导致的外部性主要是由猪肉公司附近的居民来承担），也同样关注与实验参与者自身利益密切相关情况的意图判断（猪肉质量的外部性由消费者直接承担）。③在进行国际比较时，本文采用的是逆向翻译（back translation）的方式，即先把日语作为原文进行翻译，形成中文原稿，然后请其他的翻译者把翻译形成的中文再翻译回日语，再对照原文和译文进行调整。

对于 A1、A2、B1、B2 中关于环境的四个问题，在实验过程中均向每位实验参与者询问同一个问题：“你认为经理是有意破坏或改善生态环境吗?”而对于 C1、C2、D1、D2 猪肉质量的四个问题，则均向每位实验参与者询问同一个问题：“你认为经理是有意改善或降低猪肉质量吗?”请每位实验参与者根据自己的判断来回答“是”或者“否”。

（二）酬金机制的设计

为使实验参与者更加认真地回答问题，在第一部分实验的基础上，第二部分的实验专门设计了酬金机制，引入凯恩斯选美理论（Keynes beauty contest），请每位实验参与者分别预测其他参与者对 A1、A2、B1、B2 与 C1、C2、D1、D2 八个问题回答的答案。具体方法是，对第 n 个问题询问每一个实验参与者："如果今天实验有 28 人参加，你认为对第 n 个问题有多少人回答了'是'"？之后，对每个问题的中位值（median）预测准确的实验参与者给予一定的报酬，如有复数的实验参与者答对则均分报酬。本次实验分别在中国的江南大学与日本的京都产业大学进行，招募的实验参与者均为大学生。对每位中国大学生的实验参与者支付 50 元人民币的参与费，对中位值预测准确的中国大学生实验参与者每题支付 60 元的额外奖励。在日本，则相对应地分别支付 600 日元、1000 日元。

（三）实验的组织

中国与日本两国的国情具有很大的差异性，而且国情的差异性也体现在食品质量安全上。2000 年 6 月，日本近畿地区因食用雪印乳业生产的低脂肪牛奶造成了 14780 人的集体食物中毒事件，这是自第二次世界大战后日本发生的中毒人数最多的食品安全事件。此后日本也相继发生了多起食品安全事件，包括 2011 年日本发生的福岛核电站事件，不仅造成本国国民对食品安全质量的巨大担忧，而且直接造成了日本海产品与相关农产品出口贸易的中断，也间接造成了周边国家和地区民众对日本食品的消费恐慌。但目前日本已经成为世界上食品安全保障体系最完善、食品监管措施最严厉的国家之一。相比较而言，处于深度转型中的中国，现阶段是食品安全事件相对高发的国家之一，目前中国正处于加快完善食品安全法治体系、重构食品安全监管体系的阶段。由于中国和日本两国消费者对食品安全的风险感知具有差异性，他们对食品安全质量必然有着不同的心理预期。因此，以中日两国的消费者为研究对象，就生产者是否有意破坏或改善生态环境，以及是否有意或无意改善食品质量安全为案例，展开个体预期与群体估计的比较研究，以验证是否存在 Knobe effect 就具有良好的基础。

本研究的实验分别在中国与日本进行。中国的实验选择在中国江苏省无锡市的江南大学进行。之所以选择中国的江南大学，主要是考虑，江南大学的食品学科学术水平在中国乃至在全球处于领先的地位，在此学术环境下，学生们对食品安全有较为深刻的理解。日本的实验选择在京都府京都市的京都产业大学（Kyoto Sangyo University）进行。选择在日本京都产业大学的主要考虑是，京都产业大学是一所有文理 9 个学部的综合性大学。2002 年 3 月创立的京都产业大学经济学实验室（Kyoto Experimental Economics Laboratory，KEEL）是日本实验手段与运作体制最完备的经济学实验室，京都产业大学的学生对实验经济学都有一定的认识与理解。

在中国江南大学、日本京都产业大学主要是通过校园网公开招募实验参与者。为保证实验参与者样本的多样性，本实验分别在中国江南大学、日本京都产业大学面向本校各专业进行无差异化的公开招募，且在实验当天实验参与者通过抽签的方式决定是否能够参加实验及在实验室的具体座次以避免顺序效应。学生完全凭自己的个人意愿选择是否参加实验，在实验之前声明保证在实验全过程不涉及学生的隐私。最终在中国的江南大学、日本的京都产业大学分别招聘了 183 位、161 位实验参与者。实验室使用实验经济学领域中公认的 Z-tree 软件（Urs Fischbacher）[34]，实验内容完全保证随机性且由实验参与者自行决定实验内容的顺序。由于江南大学、京都产业大学实验室空间大小的不同，在江南大学每次实验时最多安排 36 名参与者，而在京都产业大学则最多安排 28 名参与者，故实验是分多次进行的。

四 实验结果

本研究希望通过实验达到两个目的：①验证在猪肉生产屠宰加工过程中，如果猪肉公司使用更加便宜的饲料而导致猪肉质量产生外部性时，实验参与者对此公司意图的道德判断是否存在 Knobe effect；②验证实验参与者对于环境和猪肉质量两种不同情境的个体意图判断，及针对他人对于相同情境的意图判断预期。为此，本文进行了两个阶段的实验，在进行实验参与者个体预期实验的基础上，再进行参与者群体预期实验。实验的具体结果如下。

（一）实验参与者的个体判断

表 1 描述了中国和日本实验参与者对本研究设计的 A1、A2、B1、B2 四个环境问题的回答结果。表 1 显示，在确定的 A 类情境下（对猪肉公司

而言，在清楚地知道产生何种外部性时依然实施新的项目），分别有 32.8%、8.2%的中国实验参与者认为是猪肉公司有意破坏环境、有意改善环境；在不确定的 B 类情境下（对猪肉公司而言，在不清楚知道产生何种外部性时依然实施新的项目），中国实验参与者回答上述问题的比例分别为 27.9%与 4.9%。在 A 和 B 同样的两类情境下，虽然中日两国的实验参与者对问题的回答结果存在差异性，但是群体性统计结果却相类似，均存在 A1 > A2，B1 > B2。由此可见，中日两国的实验参与者均认为生产者有意改善生态环境的比例明显低于有意破坏的比例。

表 1　中日两国实验参与者对总经理是不是有意破坏或改善环境的意图判断倾向性

国别	情境	有意图	无意图	÷2$_{(1)}$
中国（n = 183）	A1	32.8%	67.2%	21.69**
	A2	8.2%	91.8%	127.92**
	B1	27.9%	72.1%	35.85**
	B2	4.9%	95.1%	148.77**
日本（n = 161）	A1	60.8%	39.2%	7.61**
	A2	27.3%	72.7%	33.10**
	B1	22.4%	77.6%	49.20**
	B2	10.6%	89.4%	100.18**

注：*、** 分别表示显著性水平低于 5%、1%。

在此也对 A、B 不同情境下中日两国实验参与者的意图判断进行了统计学检定，A1 与 A2 的 ÷2 检验结果为 11.165***、B1 与 B2 的 ÷2 检验结果为 8.166**，都通过了显著性检验，即 A1 与 A2、B1 与 B2 均相互独立，显示出存在意图判断的不对称，从而验证了存在 Knobe effect；而且外部性的不确定性的存在降低了意图判断。比较中日两国实验参与者对 A1、A2，B1、B2 问题回答的结果，除 B1 外（即不确定环境下对有意破坏生态环境的回答），日本实验参与者回答的比例均相应明显高于中国的参与者，可能的原因是，相对于中国实验参与者而言，日本实验参与者更加关注生态环境。与此同时，从表 1 还可以看出，中国与日本两国实验参与者的回答均存在 A1 > B1（÷2$_{中国}$ = 48.315***，÷2$_{日本}$ = 14.699***）、A2 > B2（÷2$_{中国}$ = 35.338***，÷2$_{日本}$ = 21.454***）的现象，表明不同的情境影响了实验参与者的判断，外部性的不确定性因素降低了实验参与者对生产者实施新项目是否有意破坏生态环境的意图判断。

列联表是由两个以上的变量进行交叉分类的频数分布表。从总体中抽取 n 个样本，其中每个问题实验参与者的回答频率可形成如下所示的矩阵 a_{ij}（$i=1, 2, \cdots; j=1, 2, \cdots$）。
其中，a_{ij}是 i 行 j 列的观测数据，A_i是 i 行的周边度数，A_j是 j 列的周边度数；i 行 j 列的期待值为 $E_{ij} = A_i$（i 行的周边度数）$\times A_j$（j 列的周边度数）$/N$（总数）。

表 2 描述了中国和日本实验参与者对本研究设计的 C1、C2、D1、D2 四个问题的回答结果。与表 1 相似，表 2 显示中日两国实验参与者的意图判断结果均存在 C1 > C2（$\div 2_{中国} = 8.123^{**}$，$\div 2_{日本} = 17.951^{***}$），表明在 C 和 D 两类不同情境下，中日两国的实验参与者认为生产者有意图提高猪肉质量的比例均明显低于有意图降低猪肉质量的比例。这同样证实了生产者在猪肉质量安全的意图判断上也存在 Knobe effect。与此同时，依然存在 C1 > D1（$\div 2_{中国} = 9.042^{**}$，$\div 2_{日本} = 39.983^{***}$）与 C2 > D2（$\div 2_{中国} = 4.621^{*}$，$\div 2_{日本} = 48.462^{***}$）的现象，表明外部性的不确定性因素会降低实验参与者对是否有意图的道德判断。

表 2　中日两国实验参与者认为总经理有意降低/提高食品质量的意图判断倾向性

国别	情境	有意图	无意图	$\div 2_{(1)}$
中国（$n = 183$）	C1	62.3%	37.7%	11.07**
	C2	18.0%	82.0%	74.80**
	D1	19.7%	80.3%	67.33**
	D2	1.6%	98.4%	171.20**
日本（$n = 161$）	C1	58.9%	41.1%	5.22*
	C2	22.2%	77.8%	49.20**
	D1	38.9%	61.1%	7.61**
	D2	13.3%	86.7%	87.96**

注：*、** 分别表示显著性水平低于 5%、1%。

（二）实验参与者的群体估计

本文的研究中，要求每一位实验参与者不仅回答自己在 A、B、C、D

情境下对猪肉公司实施新项目或使用更便宜饲料的行为而产生的生态环境或猪肉质量外部性是否有意为之做出判断，也要求其对实验参与群体的判断做出估计。实验参与者的群体估计结果见表 3 和表 4。

表 3 显示了中日两国实验参与者就生产者实施新项目行为对生态环境的群体判断估计结果。中国实验参与群体对 A1、A2、B1、B2 的回答比例分别为 46.4%、17.9%、35.7%、10.7%。这表明，在中国所有的 183 位实验参与者中，对群体的判断估计处于中位数的实验参与者在 28 人中分别有 13 人、5 人、10 人、3 人对 A1、A2、B1、B2 均做出了“是”的回答。日本实验参与者相关估计人数分别为 17 人、11 人、10 人、8 人，分别占其群体比例的 60.7%、39.3%、35.7%、28.6%。由此可见，无论是中国还是日本的实验参与者，其群体判断估计均存在 A1 > A2（$T_{中国}=11.956^{***}$，$T_{日本}=5.633^{***}$）、B1 > B2（$T_{中国}=11.503^{***}$，$T_{日本}=4.022^{***}$）的现象，由此验证了对他人意图判断的预期也存在 Knobe effect，即存在意图判断的不对称性。并且基于 A1 > B1（$T_{中国}=7.341^{***}$，$T_{日本}=8.230^{***}$）、A2 > B2（$T_{中国}=7.337^{***}$，$T_{日本}=6.303^{***}$），表明在群体估计过程中情境的影响依然存在。

表 3　在环境案例中中日两国实验参与者对群体的估计

国别	A1		A2		B1		B2	
	人数	占比	人数	占比	人数	占比	人数	占比
中国	13 人	46.4%	5	17.9%	10	35.7%	3	10.7%
日本	17 人	60.7%	11	39.3%	10	35.7%	8	28.6%

表 4 是实验参与者就生产者采用更便宜饲料的行为对猪肉质量外部性是否有意为之的群体估计结果。即对于猪肉公司在采用更便宜饲料行为的案例，询问每一位实验参与者“如果今天实验参与者是 28 人，在此 28 人中你认为有多少人回答了‘是’”的结果。表 4 显示，中国的实验参与者认为群体选择 C1、C2、D1、D2 的比例分别为 50.0%、25.0%、28.6%、17.9%，而日本实验参与者相对应的比例则分别为 60.7%、42.9%、42.9%、35.7%。由此可见，无论是中国还是日本的实验参与者在不同的情境下均存在 Knobe effect，即 C1 > C2（$T_{中国}=5.253^{***}$，$T_{日本}=$

4.946***)、D1 > D2（$T_{中国}$ = 5.885***，$T_{日本}$ = 4.053***），且外部性的不确定性对实验参与者的估计也依然存在影响，即 C1 > D1（$T_{中国}$ = 3.912***，$T_{日本}$ = 4.598***）、C1 > D2（$T_{中国}$ = 4.305***，$T_{日本}$ = 4.069***）。

表 4　在食品安全案例中中日两国实验参与者对群体的估计

国别	C1		C2		D1		D2	
	人数	占比	人数	占比	人数	占比	人数	占比
中国	14 人	50.0%	7	25.0%	8	28.6%	5	17.9%
日本	17 人	60.7%	12	42.9%	12	42.9%	10	35.7%

（三）实验参与者个体判断与群体估计的比较

在环境案例中，实验参与者个体判断与群体估计差如表 5 所示。表 5 显示，对于 A1、A2、B1、B2 四个问题，中国实验参与者群体估计比个体预期分别高出 13.6%（T = 7.591***）、9.7%（T = 10.770***）、7.8%（T = 5.119***）与 5.8%（T = 9.700***）。而日本实验参与者相应的值分别为 -0.2%（T = -1.169）、12.0%（T = 6.591***）、13.4%（T = 7.901***）与 18.0%（T = 9.530***）。表 5 显示，日本实验参与者对 A1 的个体判断与群体估计差为小于零，A2、B1、B2 均大于零。

表 5　在环境案例中中日两国实验参与者个体意图判断与群体估计差

国别	A1	A2	B1	B2
中国	13.6%	9.7%	7.8%	5.8%
日本	-0.2%	12.0%	13.4%	18.0%

在食品安全领域也存在同样现象（见表 6）。表 6 显示，对于 C1、C2、D1、D2 四个问题，中国实验参与者群体估计与个体意图判断的差分别为 -12.3%（T = -9.586***）、7.0%（T = 7.478***）、8.9%（T = 7.997***）、16.2%（T = 13.994***），而日本实验参与者相对应的差分别为 1.8%（T = -0.526）、20.6%（T = 7.859***）、4.0%（T = 2.271*）、22.4%（T = 8.379***）。其中，除中国的 C1 之外，其他均为正。

这表明，在环境领域和食品安全领域，无论是中国还是日本，当实验参与者在做个体意图判断与群体估计时，群体估计高于自己的个体意图判断，即实验参与者倾向于认为他人支持自己做出的判断。

表 6　食品安全事例中中日两国实验参与者个体意图判断与群体估计差

国别	C1	C2	D1	D2
中国	-12.3%	7.0%	8.9%	16.2%
日本	1.8%	20.6%	4.0%	22.4%

五　主要结论与政策含义

本文以 183 位江南大学的学生与 161 位京都产业大学的学生为实验对象，分别以环境与食品安全为案例展开个体预期与群体估计的实验室实验，以验证 Knobe effect。

研究发现如下结果。第一，Knobe effect 作为一种跨文化的社会现象普遍存在。无论是对于环境还是对于食品安全，均存在 Knobe effect，与是否具有典型外部性特征无关。无论是中国还是日本，对于食品安全与环境案例中的意图判断，尽管程度不同，但都存在相似的 Knobe effect 特征。这说明 Knobe effect 与共享的民俗观念无关，是普遍存在的社会现象。第二，外部性的不确定性会降低公众对意图的判断。第三，对他人意图判断进行预测时主要靠自我的意图判断，存在错误共识效应（false consensus effect）。即把自己的意图判断投射于他人，认为多数人同意或支持自己的想法。第四，通过实验调查比较发现，根据国情不同，在食品安全事件较少发生的日本，公众更加注重环境，对于环境问题中所产生的外部性的意图判断高于食品安全。而食品安全事件频发的中国，相较于环境则更加重视食品安全，对食品安全所产生的外部性的意图判断高于环境。这也许不只是中日文化差异所造成的意图判断差异，也可能是中日经济发展不同阶段带来的意图判断的差异。在 20 世纪 70 年代，日本进入经济的高速增长期，因经济发展优先而导致当时日本的环境及公众生活等方面都没有被高度重视，造成相当程度的环境污染等问题，影响了公众生活。这一现象与我国现阶段所面临的社会问题如出一辙。

由于经济与物联网水平的提高，消费者更乐意购买安全性高的食品，并寻求更多途径以获取安全食品。食品安全问题的外部性决定了，一旦发生食品安全事件，企业将付出巨大的代价，有可能导致食品行业的衰败。因此，提供健康安全的食品是企业的唯一出路。当然，对于以追求利益最大化为目的的企业而言，如何逐步恢复消费者信任成为关键问题。据此，本文建议如下：首先，政府与相关管理部门需提高食品监管与流通标准，快速响应，将食品安全问题的处理结果公开化、透明化，通过政府部门、社交媒体等力量，严格监控问题食品并将结果推送给广大公众，根据公众的反应及时调整。其次，追究涉事企业的相应责任，采取经济惩罚、停业整顿以及刑事处罚的手段，避免企业重蹈覆辙并遏制新的问题的产生。最后，正确树立企业的伦理观念，在注重短期利润的同时，更加关注长期的财富创造，最终造福社会。目前的研究仍然存在一定局限性，即未考虑构筑更加有效、安心的信任机制与其所需的时间，下一步将进行此方面研究。

参考文献

[1] Xiujuan C., Linhai W., Shasha Q., Dian Z., "Evaluating the Impact of Government Subsidies on Traceable Pork Market Share Based on Market Simulation: The Case of Wuxi, China," *African Journal of Business Management*, 2016, 10 (8): 169 - 181.

[2] 吴林海：《中国食品安全风险治理体系与治理考察报告》，中国社会科学出版社，2016。

[3] 李松：《中国社会诚信危机调查》，中国商业出版社，2011。

[4] Knobe, J., "Intentional Action and Side Effects in Ordinary Language," *Analysis*, 2003a, 63: 190 - 193.

[5] 林毅夫：《企业承担社会责任的经济学分析》，《经济人内参》2006 年第 18 期。

[6] 黎雯：《食品安全问题的法律思考》，《中国外资》2012 年第 261 期。

[7] 李秀娣：《中国食品安全问题的现状及原因分析》，《中国防伪报道》2017 年第 2 期。

[8] 刘平平：《食品安全的社会道德责任研究》，山东师范大学硕士学位论文，2015。

[9] Piaget, J., *The moral judgment of the child* (New York: Harcourt, Brace, 1932).

[10] Nelson, S. A., "Factors influencing Young Children's Use of Motives and Outcomes as Moral Criteria," *Child Development*, 1980, 51: 823 - 829.

[11] Yuill, N., "Young Children's Coordination of Motive and Outcome in Judgments of Satisfaction and Morality," *British Journal of Developmental Psychlogy*, 1984, 2: 73 - 81.

[12] 鈴木亜由美: "幼児の道徳判断における意図情報の利用", 広島修大論集, 2006, 47 (2): 185 - 197.

[13] 陈鹤之、马剑虹：《道德判断中对行为意图与行为结果的认知与情绪反应的差异》，第十七届全国心理学学术会议，分类号：B82 - 054，2014。

[14] Bratman, M., "Intention, Plans, and Practical Reason," *Cambridge*, 1987.

[15] Heider, F., *The psychology of interpersonal relations* (New York: Wiley, 1958).

[16] Malle, B. F., Knobe J., "The Folk Concept of Intentionality," *Journal of Experimental Social Psychology*, 1997, 33: 101 - 121.

[17] Malle, B. F., "Folk Explanations of Intentional Action," *work paper*, 2001.

[18] Knobe, J., "Intentional Action in Folk Psychology: An Experimental Investigation," *Philosophical Psychology*, 2003b, 16 (2): 309 - 324.

[19] Knobe, J., Mendlow, G. S., "The good, the Bad and the Blameworthy: Understanding the Role of Evaluative Reasoning in Folk Psychology," *Journal of Theoretical & Philosophical Psychology*, 2004, 24 (2): 252 - 258.

[20] Malle, B. F., "Intentionality, Morality, and Their Relationship in Human Judgment," *Journal of cognition and culture*, 2006, 6 (1 - 2): 87 - 112.

[21] Ohtsubo, Y., "Perceived Intentionality Intensifies Blameworthiness of Negative Behaviors: Blame-praise Asymmetry in Intensification Effect," *Japanese Psychological Research*, 2007, 49 (2): 100 - 110.

[22] Lagnado, D. A., Channon, S., "Judgments of Cause and Blame: The Effects of Intentionality and Foreseeability," *Cognition*, 2008, 108 (3): 113 - 132.

[23] Cushman, F., "Crime and Punishment: Distinguishing the Roles of Causal an Intentional Analyses in Moral Judgment," *Cognition*, 2008, 108: 353 - 380.

[24] Knobe, J., "The Concept of Intentional Action: A Case Study in Uses of Folk Psychology," *Philosophical Studies*, 2006, 130: 203 - 231.

[25] Nadelhoffer, T., "Skill, Luck, Control and Intentional Action," *Philosophical Psychology*, 2005, 18 (3): 341 - 352.

[26] Machery, E., "The Folk Concept of Intentional Action: Philosophical and Experimental issues," *Mind & Language*, 2008, 23: 165 - 189.

[27] 杜晓晓、郑全全:《诺布效应及其理论解释》,《心理科学进展》2010 年第 18 期。

[28] 杨英云:《中国情境下诺布效应的实验研究》,《自然辩证法通讯》2005 年第 220 期。

[29] 周艳:"経済学実験によるKnobe 効果の検証",京都産業大学経済学レビュー,2017,4:17-35.

[30] Utikal, Verena, Urs Fischbacher, "On the attribution of externalities," *Research Paper Series Thurgau Institute of Economics and Department of Economics at the University of Konstanz*, 2009.

[31] Knobe, J., "Person as Scientist, Person as Moralist," *Behavioral and Brain Sciences*, 2010, 33 (04): 315-329.

[32] Phillips, J., Luguri, J. B., Knobe, J., "Unifying Morality's Influence on Non-moral Judgments: The Relevance of Alternative Possibilities," *Cognition*, 2015, 145: 30-42.

[33] Masaharu Miumoto, "A simple linguistic approach to the Knobe effect, or the Knobe effect without any vignette," *Philosophical Studies*, 2017: 1-18.

[34] Urs Fischbacher, "z-Tree: Zurich Toolbox for Ready-made Economic Experiments," *Experimental Economics*, 2007, 10 (2): 171-178.

食品安全事件冲击下信息与消费者购买意愿研究*

——以 H7N9 禽流感事件为例

刘婷婷　周　力**

摘　要： 食品安全事件中，消费者购买意愿的迅速恢复是食品行业渡过危机的关键。本文以 2013 年发生的 H7N9 事件作为食品安全事件的具体事例，采用情景实验的方法，引入多分类 Logistic 模型，分析食品安全事件冲击下信息对消费者购买意愿的影响。结果表明，食品安全事件冲击下，负面信息对消费者食品购买意愿的负向作用大于正面信息对消费者购买意愿的正向作用，并且食品安全事件越严重，正面信息对消费者购买意愿的正向作用越弱，负面信息对消费者购买意愿的负向作用越强。因此，食品安全事件冲击下，尤其是事件严重地区，政府和食品行业应充分给予真实权威的正面信息，以降低负面信息的负向作用，帮助食品行业顺利渡过危机。

关键词： 食品安全事件　信息　购买意愿　情景实验法　多分类 Logistic 模型

一　引言

近年来食品安全事件频发，此类食品安全事件一旦发生，会导致消费者陷入食品恐慌，对食品安全事件信息产生强烈的需求。突发的食品安全

* 本文是国家自然科学基金面上项目“市场风险冲击下禽业纵向协作的隐性契约稳定性研究”（编号：71573130）的阶段性研究成果。

** 刘婷婷，博士研究生，主要从事农业经济管理方面的研究；周力，南京农业大学经济管理学院教授，主要从事农业经济管理方面的研究。

事件往往会受到媒体的广泛关注，海量信息的传播致使扑面而来的食品安全信息杂乱无章（刘燕、纪成君，2013；靳松、庄亚明，2013），[1,2]而媒体在信息供给中往往存在偏差，对食品安全事件负面信息进行过度的宣传与渲染，造成消费者心理过度恐慌，感知风险在短时间内急剧上升，对相应食品出现信任危机，从而大幅减少甚至抵制消费问题食品，致使食品生产企业甚至整个社会经济受到致命冲击（范春梅等，2012；李剑杰，2016；任建超、韩青，2017）。[3~5]毫无疑问，消费者购买意愿的迅速恢复成为食品行业渡过危机的关键，而及时有效的食品安全事件信息沟通则是消除消费者食品安全恐慌、恢复购买意愿的有效办法。因此，有必要就食品安全事件冲击下食品安全事件信息对消费者购买意愿的影响路径以及影响效果进行深入研究。

国内外学者就食品安全事件下信息传播及对消费者影响展开了大量研究，得出了较为丰富的结论，主要集中在以下几个方面：一是食品安全事件信息的来源、渠道及内容讨论；二是消费者对食品安全事件信息的关注度及影响因素分析；三是食品安全事件信息内容对消费者的影响研究。例如 Payne 等（2009）[6]以疯牛病为例，研究了提供疯牛病的信息前后消费者对牛肉汉堡的支付意愿变化，研究表明负面信息对消费者支付意愿影响较大，当提供疯牛病负面信息以后，消费者购买意愿比信息提供前降低了59%。全世文等（2011）[7]、范春梅等（2012）[3]先后以三聚氰胺事件为例，在风险感知基础上构建了食品安全事件下消费者购买行为恢复模型，结果显示媒体报道的关于三聚氰胺事件的信息对于消费者购买行为的恢复有着决定性的影响。赵源等（2012）[8]的研究结果表明食品安全危机事件中我国消费者对食品安全危机信息的需求较高，但满意度较低，而消费者主要通过官方渠道、网络报道和广播电视获取食品安全事件的相关信息，且随着食品安全事件的发展，消费者对食品安全事件信息的需求和问题食品的再购买意愿会呈现出阶段性特征。刘燕和纪成君（2013）[1]通过实地调研的消费者数据，研究了食品安全事件下食品安全负面信息对消费者感知风险的影响，研究表明无论何种程度的食品安全负面信息均会影响到消费者的风险认知，而信息在消费者风险认知中的波及范围、程度和幅度会随着负面信息程度的不同发生变化。靳松和庄亚明（2013）[2]、李剑杰

(2016)[4]以 H7N9 为例，分别讨论了食品安全事件下信息的传播形式以及事件信息对消费者购买禽类产品感知风险的影响，结果显示食品安全事件的传播网络为互动网络架构，真假信息的传播具有一定的传播规律，两者按照各自的传播模式形成不同的信息簇，相互博弈；而食品安全事件下信息对消费者感知风险中的身体风险感知影响最为强烈。雷孟（2015）[9]以信息处理理论以及双面信息劝说理论，采用实验法研究了网络环境中负面信息对消费者购买意愿的影响。结果发现，消费者对双面信息的信任程度比对单面信息的信任程度更高，其中负面信息对消费者购买意愿同时产生了积极和消极作用，当正、负面信息比例为 4∶1 时消费者购买意愿最强烈。任建超和韩青（2017）[5]通过构建食品安全信息扩散的修正 Bass 模型和改进的社会影响模型，分别研究了可辩解型和不可辩解型食品安全事件下的食品安全信息扩散过程。结果发现，对于可辩解型食品安全危机，消费者的购买行为仅与信息扩散稳定状态时正、负面信息的相互渗透率有关，而对于不可辩解型食品安全危机，消费者对负面信息的抵御能力越差，越容易中断消费决策。

通过文献梳理发现，目前研究大多以实证探讨为主，缺少细致的理论分析，且已有文献大多就全国而论或以某个地区为例，没有区别食品安全事件的严重程度。然而，中国地域辽阔，食品安全事件发生范围广泛，各类食品安全事件暴发频次与严重程度存在差异，再结合事件发生地消费者饮食习惯、宗教文化、地域风俗等特征各不相同，使得食品安全事件冲击下事件信息对消费者购买意愿的影响机制颇为复杂，不区分食品安全事件严重程度的研究掩盖和忽视了食品安全事件信息对消费者购买意愿影响的异质性，得出的结论具有一定的局限性。基于此，本文结合态度改变理论、风险感知理论以及消费者负面信息偏好理论，就食品安全事件冲击下信息对消费者购买意愿的影响机制进行了细致的理论分析，并以 2013 年发生的 H7N9 高致病性禽流感作为食品安全事件的具体事例，采用情景实验的方法，引入多分类 Logistic 模型，系统回答了以下两个问题：食品安全事件冲击下不同类型的事件信息如何影响到消费者食品购买意愿；食品安全事件严重程度不同时，信息对消费者购买意愿的影响是否会存在差异。厘清食品安全事件严重程度、食品安全信息以及消费者购买意愿三者之间的关系，有助于了解食品安全事件冲击下消费者购买意愿恢复过程中信息的作用以及地区差异，既能丰富现有消费者行为的理论成果，也为政府制定相关法规缓解食品安全事件带来的负向冲击以及食品行业顺利渡过危机提供一定的理论依据。

二 理论分析与研究假说

心理学家费斯廷格（L. Festinger）1957 年提出的认知失调态度改变理论指出，态度的改变是因为新的信息刺激下个体认知结构之间的不协调。新信息传递下消费者购买意愿的改变实质上就是消费者态度的改变（王建华等，2016）。[10]态度的心理结构包括认知、情感以及意向三种成分，其中认知是态度的核心，而认知又是由若干知识、观念、观点和信念等认知因素组成的，这些认知因素是独立互不相关的。费斯廷格认为，认知因素之间的关系协调统一时，个体就会尽量保持这种关系；而当个体受到外界信息刺激后，认知因素之间会出现矛盾与不协调，这种矛盾与不协调会带来个体心理上的压迫感，从而促使个体设法减轻或消除其不协调关系，使得原有态度发生改变，且新信息刺激下认知因素之间的不协调强度越大、个体态度改变动机越强烈。

食品安全事件发生后，消费者通过搜寻该类事件的相关信息，结合自身饮食消费习惯、家庭收入以及社会环境等因素，对该类食品为自身和家庭健康带来的利益与风险进行评估，并以此为基础产生某种程度的购买意愿。在没有外界新信息的刺激下，消费者对该类食品的各类认知因素在一段时间内是协调一致的，购买意愿在这段时间内也是稳定的（王贺峰，2008；Smith et al.，2013）。[11,12]如若外界给予新的食品安全事件信息刺激，消费者会从中获取新知识，再次关注到该类食品的品质和质量安全，并以新的信息内容为基准对自身暴露于风险的概率和食品安全事件带来后果的严重性进行重新评估，对问题食品的风险感知发生变化，此时消费者对该类食品的各类认知因素出现不一致现象，原有的购买意愿也随之发生改变（王建华等，2016；毕继东，2010；刘英陶等，2003）。[10,13,14]且食品安全事件越严重，消费者认为自身暴露于风险的概率越大，食品安全可能造成的后果越严重，对该类食品的风险感知变化越大，各类认知因素之间的不协调强度越大，消费者购买意愿的下降幅度也就越大。此外，考虑两类与食品安全事件相关的信息：一类是积极正面的信息，包括该类食品的安全宣传和科普教育等；另一类是消极、负面的信息，包括食品安全事件造成的伤害或损失。由于消费者从信息中得到的效用函数为单调递增的凹函数，且大部分消费者是风险规避型（刘瑞新等，2016），[15] 对于同等数量的坏消息和好消息，消费者从坏消息中得到的负效用大于消费者从好消息中得到的正效用，因此消费者更倾向于接受负面消息（刘燕、纪成君，2013；任建超、韩青，2017）。[1,5] 综上所述，食品安全事件冲击下新信息传递对消费者购买意愿的影响效果受到了食品安全事件严重程度和新信息类型的约束。新信息刺激下，消费者购买意愿可能出现三种结果：购买意愿不发生变化；购买意愿发生正向改变；购买意愿发生负向改变（如图 1 所示）。

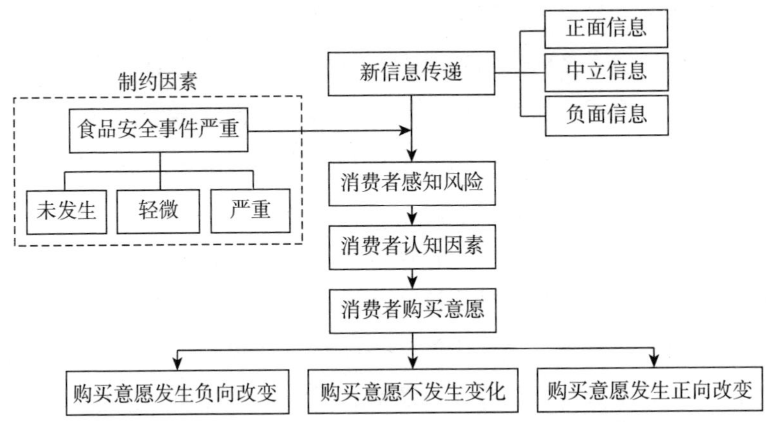

图 1　食品安全事件冲击下信息对消费者购买意愿的影响途径

根据食品安全事件的严重程度，考虑三类地区：未发生食品安全事件地区、发生食品安全事件轻微地区、发生食品安全事件严重地区。本文结合态度改变理论、风险认知理论与消费者坏消息偏好分析，绘制了新信息刺激下三类地区消费者对问题食品的购买意愿函数，横坐标 X 表示新信息刺激状况，其中原点代表没有给予信息刺激，正向横坐标代表给予了正面信息刺激，且横向正坐标值越大，给予的正面信息越多；负向横坐标代表给予了负面信息刺激，且横向负坐标值越小，给予的负面信息越多。纵坐标 $U(X)$、$U(X)'$、$U(X)''$表示三类地区消费者在受到信息刺激后对问题产品的购买意愿，假设食品安全事件冲击下外界给予了中立信息，此时三类地区消费者购买意愿分别为 $U(0)$、$U(0)'$、$U(0)''$，且 $U(0)>U(0)'>U(0)''$，如图2所示。

对于未发生食品安全事件地区的消费者，其所在区域并未出现消费问题食品出现严重后果的案例，该地区消费者对自身暴露于食品安全风险的概率以及感染食品安全风险后可能造成后果的严重性的预估均较低，对该类食品安全的风险感知也较低。这种背景下，消费者对新信息的接收较为理性，从新信息中获得的效用函数也符合单调递增凹函数的规律，即正面信息的给予会减少消费者对问题食品的风险感知，购买意愿也会随之上升，负面信息的给予会增加消费者的风险感知，购买意愿随之下降，且给予同等数量的正面信息与负面信息，正面信息导致的上升的购买意愿幅度小于负面信息导致的下降的购买意愿幅度，如图2（a）所示，$|U(a)-U(0)|<|U(0)-U(-a)|$。对于食品安全事件轻微地区的消费者，其所在区域已经出现过消费问题食品而导致严重后果的案例，该区域消费者对自身暴露于食品安全风险的概率以及感染食品安全风险后造成后果的严重性的预估较高，对该类食品安全的风险感知也较高。这种背景下，消费者在接收新信息时对正面信息较为麻木，即使新信息中大部分信息都是正面信息，消费者购买意愿上升的幅度也是有限的；而对负面信息会较为重视和敏感，新信息中出现一点负面信息，该地区消费者就会认为该类食品的品质与质量存在严重的安全问题，风险感知迅速上升，购买意愿大幅度降低。如图2（b）所示，若给予食品安全事件轻微地区与未发生食品安全地区的消费者同等量的正面信息，前者购买意愿的上升幅度小于后者购买意愿的上升幅度，即 $|U(a)'-U(0)'|<|U(a)-U(0)|$；反之，若给予两个地区消费者同等量的负面信息，前者购买意愿的下降幅度大于后者购买意愿的下降幅度，即 $|U(0)'-U(-a)'|>|U(0)-U(a)|$。对于食品安全事件严重地区的消费者，其所在地区已经发生消费问题食品而导致严重后果的案例，且发生次数较频繁、后果较为严重，该区域消费者对自身暴露于食品安全风险的概率以及感染食品安全风险可能造成后果

的严重性的预估均非常高，对该类食品安全的风险感知也极高。这种背景下，消费者在接收新信息时会完全忽视正面，即使给予再多的正面信息，消费者的购买意愿也不会上升；反之，对负面信息极为敏感，一旦接收到负面信息，就会无限放大该类食品的安全问题，风险感知陡然上升，购买意愿降为零。如图 2（c）所示，若给予食品安全事件严重地区与前两类地区同等量的正面信息，消费者购买意愿不会发生改变，即 $U(a)''=U(0)''$；反之，若给予该地区与前两类地区同等量的负面信息，消费者购买意愿为零，即 $U(-a)''=0$。

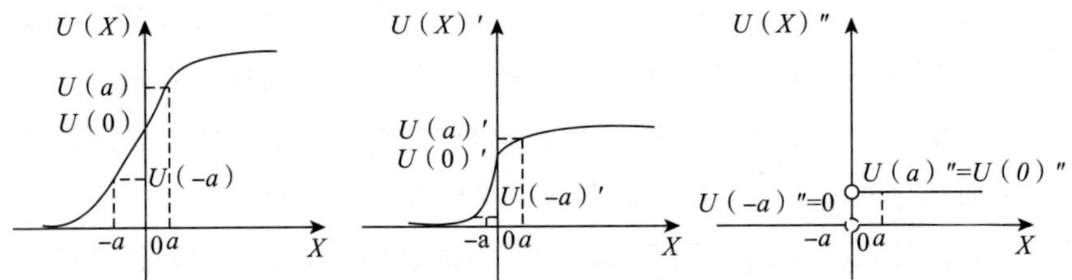

（a）未发生食品安全事件地区　（b）食品安全事件轻微地区　（c）食品安全事件严重地区

图 2　食品安全事件严重程度不同时，信息对消费者购买意愿的影响差异

综上所述，新的食品安全事件信息打破了消费者原有协调的认知，使消费者出现认知不一致现象，原有购买意愿随之发生变化。而食品安全事件严重程度和信息类型作为关键的外生因素，制约了新信息对消费者购买意愿的影响效果。基于此，提出以下假说。

H1：在食品安全事件冲击下，负面信息对消费者购买意愿的负向作用大于正面信息对消费者购买意愿的正向作用。

H2：食品安全事件越严重，正面信息对消费者购买意愿的正向作用越弱，负面信息对消费者购买意愿的负向作用越强。

三　调查设计与样本获取

（一）具体食品安全事件的选择

为了更好地进行食品安全事件冲击下信息对消费者购买意愿影响的实证分析，本文拟以具体的食品安全事件为例。食品安全事件实际上是指与食品安全相关的突发事件，2015 年《中华人民共和国食品安全法》中提到食品安全指食品无毒、无害，且符合当有的营养要求，对人体健康不造成任何急性、亚急性或者慢性危害；而 2006 年开始发布并实施至今的《国家突发公共事件总体应急预案》，将突发事件定义为突然发生，造成或者可能造成重大人员伤亡，财产损失、生态环境破坏和严重社会危害，危及公共安全的紧急事件。《中国食物与营养发展纲要（2014～2020 年）》提出禽肉是一种高蛋白、低脂肪的健康食品，而禽蛋含有大量维生素、矿物质和优质蛋白，因此提倡以禽肉、禽蛋消费代替畜肉（尤其是猪肉）消费，增加家禽产品的消费已成为趋势。然而 2013 年 3 月 H7N9 型高致病性禽流感在中国东部地区大面积暴发，此后疫情呈蔓延趋势，在全国各地迅速扩散，截止到 2018 年 4 月，中国大陆共发生 H7N9 型高致病性禽流感 1625 起，造成 619 人死亡，政府强制扑杀家禽数量达到 647.41 万只（中国农业部，2018；中国卫计委，2018）。此次禽流感暴发的频次高、范围广，杀伤力强，对中国禽类产品的消费、生产、贸易甚至整个社会福利都造成了严重影响。因此，以 2013 年发生的 H7N9 型高致病性禽流感作为具体的食品安全事件是适用且合理的。

（二）情景设定

本研究中信息的处理是关键。参照已有研究，考虑两类与食品安全事件相关的信息：一类是积极正面的信息，强调该类食品的安全宣传和科普教育等；另一类是消极负面的信息，强调食品安全事件可能造成的伤害或损失（刘玲玲，2011；吴林海等，2014；郑志浩，2015；郑冯忆等，2016）。[16-19] 正面信息表述为：专家指出，禽流感病毒对紫外线和各种消毒药敏感，禽类产品只要高温彻底煮熟即可放心食用；负面信息表述为：国家卫计委 4 月 19 日组织专家答问，表示禽流感存在“人传人”的能力。此外，为了比较正面信息和负面信息对消费者购买意愿的作用大小，需要对消费者给予中立信息作为对照组，中立信息既不涉及 H7N9 事件可能造成的严重后果，也不涉及事件的安全宣传，仅对 H7N9 事件进行一般性的描述，具体为：H7N9 亚型禽流感病毒是甲型流感中的一种，病毒颗粒呈多形性，基因组为分节段单股负链 RNA。三类信息均来自中华人民共和国国家卫生健康委员会官方网站。被访对象分为 A、B、C 三组，每组人数相同，首先询问三组被访者在 H7N9 事件后对家禽产品的购买意愿，然后给予 A 组被访者关于 H7N9 事件的正面信息，给予 B 组被访者关于 H7N9 事件的负面信息，给予 C 组被访者关于 H7N9 的中立信息，在此基础上再次询问三组被访者对家禽产品的购买意愿。

（三）样本选择及分布

本文所用数据来自课题组在 2013 年 4 ~5 月，即 H7N9 事件首次大面积暴发后的一个多月。本文在省级层面将全国分为三个区域：食品安全事件严重地区、食品安全事件轻微地区和未发生食品安全事件地区。食品安全事件严重地区指的是 H7N9 事件暴发时间最早和扩散速度最快的地区，主要是苏浙沪、福建和安徽地区；未发生食品安全事件地区指的是全国范围内没有发生 H7N9 事件的省份，主要是四川、云南和贵州等省份；食品安全事件轻微地区指的是除去较严重地区和未发生地区以外的省份，这些省份虽然发现 H7N9 病例，但是其数目、规模和速度不及严重地区，主要是江西、北京、湖南等省市。根据中国卫计委公布的数据，本文选择了江苏省的南京市、常州市、连云港市和镇江市作为 H7N9 事件严重地区的代表，选择了山东省的临沂市和枣庄市作为 H7N9 事件轻微地区的代表，选择了四川省成都市作为未发生 H7N9 事件地区的代表。

本次研究涉及中国三个省份共七个城市，数据采集点为各地区的超市、社区、农贸市场等人群集聚处，结合各城市间 2013 年常住人口比值以及本文中信息的处理方式，一共发放问卷 830 份，有效问卷 802 份，有效率达到了 96.6%，回收问卷的详细构成如表 1 所示。

表 1　问卷的基本构成

单位：份

项目	江苏（疫情较严重）				山东（疫情较轻微）		四川（未发生疫情）	合计
	南京	常州	连云港	镇江	枣庄	临沂	成都	
A 组（正面信息）	41	35	36	36	33	40	42	263
B 组（负面信息）	43	38	37	32	33	46	44	273

续表

项目	江苏（疫情较严重）				山东（疫情较轻微）		四川（未发生疫情）	合计
	南京	常州	连云港	镇江	枣庄	临沂	成都	
C组（中立信息）	45	37	36	31	34	43	40	266
合计	129	110	109	99	100	129	126	802

四　变量选取与模型选择

（一）变量选取

被解释变量选取。本文旨在讨论食品安全事件冲击下信息对消费者购买意愿的影响，本文选取2013年H7N9事件作为具体的食品安全事件，由于禽肉产品和禽蛋产品在价格营养可获得性方面差异较大，本文将两者分开讨论。因此被解释变量为H7N9事件冲击下信息传递后消费者对禽肉产品和禽蛋产品购买意愿的改变状态，不发生变化=1，发生正向变化=2，发生负向变化=3。

核心解释变量选取。本文的核心解释变量是信息和食品安全事件严重程度，本文将信息分为三类，正面信息、负面信息和中立信息，将三类信息生成虚拟变量，并以中立信息为对照组，在模型中放入正面信息和负面信息的虚拟变量。此外，根据H7N9事件发生频次和扩散速度将消费者样本分为三类：消费者所在地区未发生H7N9事件，消费者所在地区H7N9事件轻微，消费者所在地区H7N9事件严重。对三类样本分别进行回归分析，以验证前文提出的假说。

控制变量选取。除了信息与食品安全事件严重程度以外，本文通过梳理现有理论和已有研究从家庭特征、个体特征以及饮食观念和消费习惯几个方面入手选取控制变量。家庭特征包括消费者家庭人均月收入、家中赡养老人和抚养小孩状况（刘媛媛、曾寅初，2014；郑义等，2015）；[20,21]个体特征包括消费者性别、年龄、受教育程度（刘媛媛等，2014；李玉峰等，2015）。[20,22]此外，信息传递前消费者对禽类产品的购买意愿、消费者对禽类产品的消费习惯、禽类产品的购买途径、对H7N9事件的关注程度、对 H7N9 事件了解程度以及对政府应对能力的信任度均会影响到消费者禽类产品购买意愿的改变（张旭峰、胡向东，2015；杨炳成，2016）。[23,24]各变量具体情况见表 2。

表 2　变量的描述性统计

变量名	变量定义	均值	标准差
禽肉购买意愿变化	信息给予后消费者禽肉产品购买意愿变化状态，不发生变化 =1，发生正向变化 =2，发生负向变化 =3	2. 129	0. 876
禽蛋购买意愿变化	信息给予后消费者禽肉产品购买意愿变化状态，不发生变化 =1，发生正向变化 =2，发生负向变化 =3	1. 833	0. 859
信息类型	消费者接受的信息类型，正面信息 =1，负面信息 =2，中立信息 =3	2. 004	0. 813
性别	消费者性别，男 =1，女 =0	0. 484	0. 501
年龄	消费者年龄，25 岁及以下 =1，26 ~40 岁 =2，41 ~55 岁 =3，56 ~65 岁 =4，65 岁以上 =5	2. 424	0. 937
教育程度	消费者受教育程度，初中及以下 =1，高中或中专 =2，大专或本科 =3，研究生及以上 =4	2. 370	0. 846
家庭人均月收入	1500 元以下 =1，1500 ~3000 元 =2，3000 ~4500 元 =3，4500 ~6000 元 =4，6000 ~7500 元 =5，7500 元以上 =6	3. 163	1. 325
老人赡养	家中是否有老人，是 =1，否 =0	0. 277	0. 447
小孩抚养	家中是否有小孩，是 =1，否 =0	0. 380	0. 486
家庭患病	亲戚朋友中是否有患过传染病的人员，是 =1，否 =0	0. 068	0. 252
卫生专家	亲戚朋友中是否有从事传染病和公共卫生方面的专家，是 =1，否 =0	0. 119	0. 324
从事禽类相关工作	亲戚朋友中是否有从事禽类养殖、禽类宰杀或禽类销售人员，是 =1，否 =0	0. 101	0. 302
原有禽肉购买意愿	信息传递前，消费者对禽肉产品的购买意愿，肯定不会买 =1，可能不会买 =2，不知道 =3，可能会买 =4，肯定会买 =5	3. 021	1. 235
原有禽蛋购买意愿	信息传递前，消费者对禽蛋产品的购买意愿，肯定不会买 =1，可能不会买 =2，不知道 =3，可能会买 =4，肯定会买 =5	3. 238	1. 264
禽肉消费习惯	H7N9 事件发生前，禽肉消费情况，从不消费 =1，每月 1 次 =2，每月 2 次 =3，每星期 1 次 =4，每星期 2 ~4次 =5，每天都消费 =6	3. 322	1. 136

续表

变量名	变量定义	均值	标准差
禽蛋消费习惯	H7N9 事件发生前，禽蛋消费情况，从不消费 =1，每月 1 次 =2，每月 2 次 =3，每星期 1 次 =4，每星期 2 ~4 次 =5，每天都消费 =6	4.375	1.155
禽肉购买途径	家庭所食禽肉产品的主要购买途径，农村自购 =1，农贸市场 =2，超市 =3	2.141	0.562
禽蛋购买途径	家庭所食禽蛋产品的主要购买途径，农村自购 =1，农贸市场 =2，超市 =3	2.281	0.589
事件关注程度	消费者对 H7N9 事件的关注程度，不关心 =1，不太关心 =2，一般 =3，关心 =4，十分关心 =5	3.070	0.913
事件了解程度	消费者对 H7N9 事件的了解程度，完全不了解 =1，了解一点 =2，一般 =3，了解较多 =4，非常了解 =5	3.169	0.992
对政府信任度	消费者对政府应对能力的信任，完全不信任 =1，不是很信任 =2，一般 =3，比较信任 =4，非常信任 =5	2.943	1.114

（二）模型选择

多分类逻辑回归模型（Multinomial Logistic Regression）适用于分析因变量是分类变量、且水平数大于 2 的情况，根据因变量水平是否有序又分为有序多分类和无序多分类逻辑回归（罗俊峰，2014；吴结兵、沈台凤，2015）。[25,26] 对于无序多分类逻辑回归模型，首先会定义因变量中的某一水平作为参照水平，其他水平均与其相比，对 k 个自变量建立 $n-1$ 个 Logit 模型（n 为因变量水平数）。本研究中，消费者在接收到不同类型的信息后购买意愿的改变有三种状态，即因变量有三个水平——不发生改变、发生正向改变、发生负向改变，为无序名义变量，以不发生改变为参照水平，分别与发生正向改变和发生负向改变相比得到 2 个广义 Logit 模型——公式（1）和公式（2）。

$$\ln(P\text{正向变化}/P\text{不变化}) = \alpha_0 + \alpha_1 X_1 + \cdots + \alpha t X t \tag{1}$$

$$\ln(P\text{负向变化}/P\text{不变化}) = \beta_0 + \beta_1 X_1 + \cdots + \beta t X t \tag{2}$$

式中，某自变量的偏回归系数 α（或 β）的自然指数 e^{α}（或 e^{β}）表示其他自变量不变时，该自变量增加 1 个单位，因变量取值水平的发生概率比变

为原来的 e^{α}（或 e^{β}）倍。以公式（1）为例，当 $\alpha_1>0$，$e^{\alpha1}>1$ 时，购买意愿发生正向变化的概率与购买意愿不发生变化的概率的比值随着自变量的增加而增加，即消费者购买意愿倾向于发生正向变化。因此，在以购买意愿不发生改变为参照得到的公式（1）和公式（2）中，偏回归系数为正，即表示该自变量越大，消费者购买意愿发生正向变化和发生负向变化与不发生变化的概率越大，消费者购买意愿越倾向于发生正向变化和发生负向变化。

五　实证结果分析

（一）描述性统计分析

本文给予消费者三种不同类型的信息（正面信息、负面信息和中立信息），通过观察信息前后消费者购买意愿的变化来分析探讨食品安全事件冲击下信息对消费者购买意愿的影响。首先必须确定消费者在接收到不同类型的信息前，购买意愿不存在明显差异，因此以中立信息组的消费者为参照组，分别检验了正面信息组和负面信息组的消费者在信息传递前对禽类购买意愿是否存在明显差异（见表 3）。T 检验结果发现，所有系数均不显著，表明均接受原假设，即相较于中立信息组的消费者，正面信息组和负面信息组的消费者对禽肉和禽蛋的购买意愿均不存在明显差异。可以认为信息传递前，三组消费者对禽肉和禽蛋的购买意愿是同质的。在此基础上，对消费者接受不同类型的信息后购买意愿的变化进行了描述性统计。

表 3　信息传递前，不同信息组消费者原有购买意愿的差异检验

信息组类型	原有禽肉购买意愿的差异检验 H_0：两组样本均值无差异			原有禽蛋购买意愿的差异检验 H_0：两组样本均值无差异		
	Diff 值	T 值	样本量	Diff 值	T 值	样本量
正面信息组	-0.0186	-0.171	263	-0.0917	-0.8315	263
负面信息组	-0.0302	-0.2853	273	-0.0513	-0.4705	273
中立信息组	—	—	266	—	—	266

注：Diff =（信息传递前该组消费者平均购买意愿 - 信息传递前中立信息组消费者平均购买意愿）。

统计数据表明：①总体而言，食品安全事件冲击下信息对消费者购买意愿有明显影响，且相比于禽蛋，消费者对禽肉的购买意愿更容易受到信息的影响：被调研的802个消费者中有540个消费者在信息传递后禽肉购买意愿发生了变化，占总样本的67.33%；有422个消费者在信息传递后禽蛋购买意愿发生了变化，占总样本的52.62%。②对于禽肉而言，负面信息对消费者购买意愿的负向影响作用远远大于正面信息对消费者购买意愿的正向作用：中立信息传递下38.35%的消费者购买意愿发生正向变化，相较之下正面信息传递下仅26.23%的消费者购买意愿发生了正向变化；中立信息传递下45.11%的消费者购买意愿发生负向变化，相较之下负面信息传递下达到78.22%的消费者购买意愿发生了负向变化。③对于禽蛋而言，负面信息对消费者购买意愿的负向作用与正面信息对消费者购买意愿的正向作用大致相同：中立信息传递下23.31%的消费者购买意愿发生正向变化，而正面信息传递下47.91%的消费者购买意愿发生了正向变化；中立信息传递下23.68%的消费者购买意愿发生负向变化，而负面信息传递下59.71%的消费者购买意愿发生了负向变化（见表4）。

表4　信息传递后，消费者购买意愿变化情况

信息组类型	禽肉购买意愿变化/占比				禽蛋购买意愿变化/占比			
	不变化	正向变化	负向变化	合计	不变化	正向变化	负向变化	合计
正面信息组	61.21%	26.23%	12.55%	100%	46.77%	47.91%	5.32%	100%
负面信息组	20.88%	1.10%	78.22%	100%	40.29%	0.00%	59.71%	100%
中立信息组	16.54%	38.35%	45.11%	100%	53.01%	23.31%	23.68%	100%
全部样本	32.67%	21.70%	45.64%	100%	46.63%	23.44%	29.93%	100%

（二）无序多类Logistic回归模型结果分析

1. 食品安全事件信息对消费者购买意愿影响的总效应

本文首先不区分H7N9事件严重程度，以所有消费者数据为样本，使用SPSS24.0中多分类Logistic回归模型对食品安全事件冲击下信息与消费者购买意愿之间的定量关系进行模拟，通过向前一步进行回归的方法，确定信息类型、性别、小孩抚养、家庭人均月收入、原有禽肉购买意愿、禽肉消费习惯、事件关注度、政府信任度 8 个自变量进入信息对消费者禽肉购买意愿影响研究的回归模型；确定信息类型、性别、老人赡养、家庭人均月收入、原有禽蛋购买意愿、禽蛋消费习惯和事件关注度 7 个自变量进入信息对消费者禽蛋购买意愿影响研究的回归模型。回归后两个模型的似然比检验均显示 $p<0.001$，证明模型拟合是有效且有意义的（见表 5）。

（1）禽肉分析。相较于中立信息，正面信息对消费者禽肉购买意愿有显著的正向作用：当其他自变量不变时，正面信息每增加 1 个单位，消费者禽肉购买意愿发生正向变化的概率和不发生变化的概率的比值将扩大 1.858 倍；相较于中立信息，负面信息对禽肉购买意愿有显著的负向作用：当其他自变量不变时，负面信息每增加 1 个单位，消费者禽肉购买意愿发生负向变化的概率和不发生变化的概率的比值将扩大 7.139 倍。负面信息对消费者禽肉购买意愿的负向作用大于正面信息对消费者禽肉购买意愿的正向作用，该结论与本文预期完全一致，也与现实相符，即在食品安全事件冲击下，大部分消费者都是风险规避型，对于同等数量的坏消息和好消息，消费者从坏消息中得到的负效用大于消费者从好消息中得到的正效用，因此消费者更倾向于接收负面消息。

（2）禽蛋分析。相较于中立信息，正面信息对消费者禽蛋购买意愿有显著的正向作用：当其他自变量不变时，正面信息每增加 1 个单位，消费者禽蛋购买意愿发生正向变化的概率和不发生变化的概率的比值扩大 16.685 倍；相较于中立信息，负面信息对消费者禽蛋购买意愿有显著的负向作用：当其他自变量不变时，负面信息每增加 1 个单位，消费者禽蛋购买意愿发生负向变化的概率和不发生变化的概率的比值将扩大 10.934 倍。负面信息对消费者禽蛋购买意愿的负向作用小于正面信息对消费者禽蛋购买意愿的正向作用，该结论与本文预期略有不同，可能的原因是：禽蛋营养价值丰富，是价格低廉的优质蛋白质来源，也是大部分普通家庭日常消费的主要产品，尤其是家庭收入较低的消费者。对于这部分消费者来说，相较于禽蛋，鱼虾水产品等蛋白质替代品都是价格偏高的食品。因此即使接收到负面信息，这类消费者对禽蛋的购买意愿也不会减少，而一旦接收正面信息，这类消费者对禽蛋的购买意愿却会陡然上升。

表 5 信息对消费者购买意愿的影响分析

自变量	禽肉购买意愿变化				禽蛋购买意愿变化			
	正向变化		负向变化		正向变化		负向变化	
	系数 β（标准差）	exp（β）	系数 β（标准差）	exp（β）	系数 β（标准差）	exp（β）	系数 β（标准差）	exp（β）
截距	-0.352 (1.009)	.	-7.589*** (0.787)	.	-0.899*** (0.309)	.	-4.684*** (0.439)	.
正面信息 =1	0.620** (0.251)	1.858	-1.561*** (0.381)	0.210	2.809*** (0.292)	16.685	-0.742* (0.373)	0.476
负面信息 =2	-1.371** (0.547)	0.254	1.966*** (0.211)	7.139	0.497 (0.338)	1.645	2.392*** (0.252)	10.934
中立信息 =3	0^b	.	0^b	.	0^b	.	0^b	.
性别 =0	-1.351*** (0.268)	0.259	0.766*** (0.201)	2.151	0.251 (0.214)	1.285	0.501** (0.218)	1.650
性别 =1	0^b	.	0^b	.	0^b	.	0^b	.
小孩抚养情况 =0	0.680* (0.398)	0.904	-2.024*** (0.353)	0.132	—	—	—	—
小孩抚养情况 =1	0^b	.	0^b	.	—	—	—	—
老人赡养 =0	—	—	—	—	-1.297*** (0.500)	0.273	0.166 (0.567)	1.18
老人赡养 =1	—	—	—	—	0^b	.	0^b	.
家庭人均月收入	0.046 (0.111)	1.047	0.444*** (0.093)	1.558	-0.125 (0.282)	0.883	0.587** (0.285)	1.798

续表

自变量	禽肉购买意愿变化				禽蛋购买意愿变化			
	正向变化		负向变化		正向变化		负向变化	
	系数 β（标准差）	exp（β）	系数 β（标准差）	exp（β）	系数 β（标准差）	exp（β）	系数 β（标准差）	exp（β）
禽肉（禽蛋）原有购买意愿	-0.512*** （0.121）	0.599	0.647*** （0.093）	1.910	-0.608*** （0.084）	0.544	0.663*** （0.085）	1.940
禽肉（禽蛋）消费习惯	0.470*** （0.138）	1.600	0.220** （0.103）	1.246	-0.372*** （0.089）	0.689	0.210*** （0.090）	1.234
事件关注度	-0.506*** （0.165）	0.603	0.219* （0.132）	1.245	-0.121 （0.129）	0.886	0.229* （0.133）	1.257
政府信任度	0.516*** （0.144）	1.675	0.019 （0.096）	1.020	—	—	—	—
模型统计量	卡方值 556.884（df = 18），显著水平 0.000				卡方值 492.457（df = 14），显著水平 0.000			

注：以“信息传递后购买意愿不发生变化”为参考类别；*、**、*** 分别表示在 10%、5% 和 1% 的水平下显著。

2. 不同的食品安全事件严重程度下，信息对消费者购买意愿影响的差异分析

为了更加精准地表明食品安全事件严重程度、食品安全事件信息与消费者购买意愿三者之间的关系，本文在上述研究基础上将样本分为三类，未发生疫情地区、疫情轻微地区、疫情严重地区，对三类样本分别进行多分类 Logistic 回归，查看疫情严重程度不同时，各类信息对消费者禽类购买意愿的影响是否存在差异。回归后六个模型的似然比检验均显示 $p < 0.001$，证明模型拟合是有效且有意义的。篇幅原因，仅列出核心解释变量各项指标（见表6）。

（1）禽肉分析。未发生疫情地区，正面信息对消费者禽肉的购买意愿有显著正向作用：其他自变量不变时，正面信息每增加 1 个单位，消费者购买意愿发生正向变化的概率与不发生变化的概率的比值将扩大 2.040 倍，疫情轻微地区和疫情严重地区，正面信息对消费者禽肉购买意愿的作用均不显著。而不管是未发生疫情地区、疫情轻微地区还是疫情严重地区，负面信息对消费者禽肉的购买意愿均有显著负向作用：其他自变量不变时，负面信息每增加 1 个单位，三个地区消费者禽肉购买意愿发生负向变化的概率与不发生变化的概率的比值将分别扩大 7.587 倍、7.645 倍与 11.162 倍。该结论与本文预期基本一致，也与现实相符，即食品安全事件越严重，正面信息对消费者禽肉购买意愿的正向作用越弱，负面信息对消费者禽肉购买意愿的负向作用越强。

（2）禽蛋分析。不管是未发生疫情地区、疫情轻微地区还是疫情严重地区，正面信息对消费者禽蛋购买意愿均有显著的正向作用，负面信息对消费者禽蛋购买意愿均有显著的负向作用：其他自变量不变时，正面信息每增加 1 个单位，三个地区消费者禽蛋购买意愿发生正向变化的概率与不发生变化的概率的比值将分别扩大 3187.829 倍、42.219 倍、10.086 倍；其他自变量不变时，负面信息每增加 1 个单位，三个地区消费者禽蛋购买意愿发生负向变化的概率与不发生变化的概率的比值将分别扩大 133.425 倍、11.519 倍、8.332 倍。该结论与本文预期略有不同，即食品安全事件的严重程度削弱了正面信息对消费者禽蛋购买意愿的正向作用，但却并未加重负面信息对消费者禽蛋购买意愿的负向作用。可能的原因为：畜产品

表 6　不同事件严重程度下，信息对消费者购买意愿影响分析

核心自变量	禽肉购买意愿变化				禽蛋购买意愿变化			
	正向变化		负向变化		正向变化		负向变化	
	β	exp（β）	β	exp（β）	β	exp（β）	β	exp（β）
未发生疫情地区								
正面信息 = 1	0.713 *** （0.258）	2.040	-1.613 *** （0.383）	0.199	8.067 *** （2.108）	3187.729	-0.940 （1.328）	0.390
负面信息 = 2	-1.514 *** （0.550）	0.220	2.061 *** （0.217）	7.857	-1.184 （1.677）	0.306	4.894 *** （1.158）	133.425
中立信息 = 3	0^b	.	0^b	.	0^b	.	0^b	.
疫情轻微地区								
正面信息 = 1	0.402 （0.303）	1.495	-1.939 *** （0.411）	0.144	3.743 *** （0.767）	42.219	-0.159 （0.654）	0.853
负面信息 = 2	-1.837 *** （0.601）	0.159	2.034 *** （0.347）	7.645	-3.838 （1.248）	0.682	2.444 *** （0.494）	11.519
中立信息 = 3	0^b	.	0^b	.	0^b	.	0^b	.
疫情严重地区								
正面信息 = 1	0.297 （0.324）	1.346	-1.722 *** （0.463）	0.179	2.311 *** （0.347）	10.086	-1.041 ** （0.495）	0.353
负面信息 = 2	-1.743 *** （0.618）	0.175	2.412 *** （0.274）	11.162	0.432 （0.346）	1.541	2.12 *** （0.313）	8.332
中立信息 = 3	0^b	.	0^b	.	0^b	.	0^b	.

注：以“信息传递后购买意愿不发生变化”为参考类别；*、**、*** 分别表示在 10%，5% 和 1% 的水平下显著。

是中国城乡居民动物蛋白的主要摄取来源，包括猪肉、牛羊肉、禽肉、禽蛋、奶及奶制品，其中禽蛋拥有众多其他畜产品不可替代的优势——高蛋白低脂肪、价格低廉、烹饪方式简单、可获得性强等，禽蛋已经成为消费者日常生活不可替代的必需品。此外，禽蛋在中国婚育嫁娶、人情往来上也扮演着重要且不可替代的角色（李晖，2007）。[27] 出现 H7N9 事件的地区，消费者自身暴露于风险的概率以及感染风险可能造成后果的严重性的预估都较高。一般来说，H7N9 事件的严重程度会加重负面信息对消费者禽蛋购买意愿的负向作用，但是禽蛋在中国居民饮食消费中的不可替代性使得这种作用被削弱。尤其是对于中国现有国情，除了少数高收入群体，大多数城市居民以薪资作为主要收入来源，农村居民以农业收入和部分非农收入作为收入来源，“量入为出”的“节约型”消费仍然是大部分城乡居民的主要消费形式，如若放弃禽蛋消费，同等价格可替代的食品选择太少，这类消费者即使在 H7N9 疫情发生地区，仍然会选择禽蛋作为蛋白质的摄取来源，负面信息对消费者禽蛋购买意愿的负向影响作用被削弱。

六　主要结论与启示

本文以 H7N9 型高致病性禽流感作为具体的食品安全事件，以禽肉和禽蛋作为具体食品的代表，探讨食品安全事件冲击下信息对消费者食品购买意愿的影响。研究表明，食品安全事件冲击下，事件信息对消费者购买意愿有显著影响，且食品安全事件的严重程度会约束信息对消费者购买意愿的作用。具体结论为：第一，H7N9 事件冲击下，负面信息对消费者禽肉购买意愿的负向作用大于正面信息对消费者禽肉购买意愿的正向作用；且 H7N9 事件越严重，正面信息对消费者禽肉购买意愿的正向作用越弱，负面信息对消费者禽肉购买意愿的负向作用越强。第二，H7N9 事件冲击下，负面信息对消费者禽蛋购买意愿的负向作用小于正面信息对消费者禽蛋购买意愿的正向作用；H7N9 事件的严重程度削弱了正面信息对消费者禽蛋购买意愿的正向作用，但却并未加重负面信息对消费者禽蛋购买意愿的负向作用。

近年来，中国食品安全事件频发，包括网络、电视、广播、报纸在内的媒体作为食品安全信息传递的重要途径，在很大程度上把握着食品安全信息供给的数量和质量。由于食品安全事件涉及公民的安全健康，媒体报道在一定程度上起到了警示和防范作用，但也有媒体为了吸引大众眼球、增加阅读量、提高曝光率，在信息供给中存在偏差，倾向于夸大食品安全事件的负面性，甚至扭曲事实、制造虚假新闻。根据本文的研究结论，食品安全事件冲击下消费者对负面信息更为敏感，尤其食品安全事件严重地区，事件的过度负面信息报道容易使消费者产生食品恐慌，对食品安全失去信心，导致受挫的食品消费市场难以恢复。而真实权威的正面信息的充分供给有助于降低负面信息的负向作用。因此，针对现有食品安全信息市场负面信息泛滥的现象，相关食品行业应该在食品安全事件发生后主动及时地发布权威积极的正面信息（尤其是食品安全事件严重地区），以帮助消费者对风险内容和风险概率做出科学理性的判断，舒缓公众风险认知，平息公众负面情绪。此外，媒体应该遵守基本准则，保证信息的真实性和可靠性；而政府需要强化食品安全信息管理，对媒体报道的信息内容进行监督和管控，以确保食品安全宣传报道的真实性和客观性，建立良好的食品安全信息环境。

参考文献

[1] 刘燕、纪成君：《产品安全负面信息对消费者风险认知的影响分析》，《统计与决策》2013 年第 2 期。

[2] 靳松、庄亚明：《基于 H7N9 的突发事件信息传播网络簇结构特性研究》，《情报杂志》2013 年第 12 期。

[3] 范春梅、贾建民、李华强：《食品安全事件中的公众风险感知及应对行为研究——以问题奶粉事件为例》，《管理评论》2012 年第 1 期。

[4] 李剑杰：《媒体报道对消费者食品安全感知风险的影响研究——以人感染 H7N9 禽流感事件为例》，华南农业大学硕士学位论文，2016。

[5] 任建超、韩青：《基于食品安全事件异质性的信息扩散过程研究》，《系统工程理论与实践》2017 年第 111 期。

[6] Payne, C. R., Messer, K. D., Kaiser, H. M., et al., "Which Consumers are Most Responsive to Media-induced Food Scares?" *Agricultural & Resource Economics Re-*

view, 2009, 38 (3): 295 - 310.

[7] 全世文、曾寅初、刘媛媛等:《食品安全事件后的消费者购买行为恢复——以三聚氰胺事件为例》,《农业技术经济》2011 年第 7 期。

[8] 赵源、唐建生、李菲菲:《食品安全危机中公众风险认知和信息需求调查分析》,《现代财经(天津财经大学学报)》2012 年第 6 期。

[9] 雷孟:《负面网络口碑对消费者购买意愿的影响研究——以团购餐饮行业为例》,西南交通大学硕士学位论文,2015。

[10] 王建华、王思瑶、山丽杰:《农村食品安全消费态度、意愿与行为的差异研究》,《中国人口·资源与环境》2016 年第 11 期。

[11] 王贺峰:《消费者态度改变的影响因素与路径分析》,吉林大学硕士学位论文,2008。

[12] Smith, R. J., Knuff, D. C., Sprott, D. E., et al., "The Influence of Negative Marketplace Information on Consumer Attitudes toward a Service Establishment," *Journal of Retailing & Consumer Services*, 2013, 20 (3): 358 - 364.

[13] 刘英陶、陈晓平、赵中利主编《管理心理学(修订本)》,中国人民公安大学出版社,2003。

[14] 毕继东:《负面网络口碑对消费者行为意愿的影响研究》,山东大学博士学位论文,2010。

[15] 刘瑞新:《消费者对食品安全的风险认知及防范研究》,江南大学博士学位论文,2016。

[16] 刘玲玲:《消费者对转基因食品的消费意愿及其影响因素分析》,华中农业大学硕士学位论文,2011。

[17] 吴林海、钟颖琦、洪巍等:《基于随机 n 价实验拍卖的消费者食品安全风险感知与补偿意愿研究》,《中国农村观察》2014 年第 2 期。

[18] 郑志浩:《信息对消费者行为的影响:以转基因大米为例》,《世界经济》2015 年第 9 期。

[19] 郑冯忆、龙恒雨、柳鹏程:《信息对转基因稻米购买意愿的影响研究》,《长江工程职业技术学院学报》2016 年第 3 期。

[20] 刘媛媛、曾寅初:《食品安全事件背景下消费者购买行为变化与恢复——基于三聚氰胺事件后的消费者调查》,《中国食物与营养》2014 年第 3 期。

[21] 郑义、林恩惠、余建辉:《食品安全事件后消费者购买行为的演化博弈》,《华南农业大学学报(社会科学版)》2015 年第 2 期。

[22] 李玉峰、刘敏、平瑛:《食品安全事件后消费者购买意向波动研究:基于恐惧管

理双重防御的视角》，《管理评论》2015 年第 6 期。

[23] 张旭峰、胡向东：《H7N9 禽流感对禽肉消费意愿的影响因素分析》，《黑龙江畜牧兽医》2015 年第 1 期。

[24] 杨炳成：《禽流感风险背景下消费者对禽肉类产品的购买意愿研究》，华南农业大学硕士学位论文，2016。

[25] 罗俊峰：《农民工职业选择的人力资本约束研究——基于无序多分类 Logistic 模型分析》，《调研世界》2014 年第 6 期。

[26] 吴结兵、沈台凤：《社会组织促进居民主动参与社会治理研究》，《管理世界》2015 年第 8 期。

[27] 李晖：《养鸡社会化：制度消解与权力生存》，华中师范大学硕士学位论文，2007。

中国公众转基因水稻安全评价的社会文化视域分析*

肖显静**

摘　要：国内外相关研究表明，公众在进行转基因技术安全评价时，更多采取的是社会文化视域。这种社会文化视域的选择是必然的。对于中国公众，主要是从以下社会文化视域展开转基因水稻评价的：风险感知文化层面，“宁可信其有，不可信其无”；政治文化层面，“凡是敌人赞成的，我们就反对，反之亦然”；经济文化层面，传统水稻种植方式受到冲击，新的种植方式贯彻受阻；饮食文化层面，工厂的不如家养的，家养的不如野生的；伦理文化层面，后殖民主义、代内和代际不公、敬畏生命、爱护动物；宗教文化层面，人类扮演造物主的角色，亵渎神灵，等等。据此，中国公众是更多地拒斥转基因水稻的。这种拒斥转基因水稻的社会文化有其合理性，应该得到尊重，不能以赞成转基因水稻的科学文化——科学主义对此加以评价和限制，否则会影响社会的和谐稳定，也不能实现科学的民主化。

关键词：公众　转基因水稻　安全评价　社会文化

一　引言：公众是从社会文化视域评价转基因水稻的

在我国，“转基因水稻是否安全”这一问题，自 2009 年农业部颁发两

* 本文是华南师范大学高层次引进人才科研启动基金项目“生态学哲学与科技环境论专题研究”，以及国家社会科学基金重点项目“生态学整体论 - 还原论争论及其解决路径研究”（批准号：14AZX008）的阶段性研究成果。

** 肖显静，华南师范大学特聘教授、博士生导师，主要从事生态学哲学、科学技术与环境论研究。

种转基因水稻安全证书之后就出现了，且引发了长期的、激烈的争论。一部分赞成转基因水稻产业化的人们（主要是转基因产业科学家）认为，转基因水稻是安全的，而且，即使有疑问，其安全性（风险）评价也应该由这一行业的科学家说了算。

不能说他们的观点一点道理也没有。因为，在这里，他们所称的“安全性评价”主要指的是“健康风险评价”和“环境风险评价”，鉴于国内学者对我国公众转基因作物（包含水稻）认知诸多调查的结果——国内公众对转基因生物及其食品很大程度上是无知的，[1~8]公众不可能对其加以理性评价。

不过，上述观点受到两方面的责难：公众虽然不能从专业的角度，也就是具体化的科学技术的角度，对转基因水稻的安全性——健康风险和环境风险进行评价，但是，可以从人文社会的角度对转基因水稻的其他方面的安全性或风险，如国家主权和粮食安全、伦理风险和宗教风险等进行评价；公众虽然不能在转基因水稻商业化种植之前对其进行健康风险和环境风险评价，但是，由于公众是转基因技术应用的贯彻者以及技术应用后的产品的消费者，他们能够在转基因技术应用以及相应产品的消费过程中切身感受转基因技术的安全性，从而给出其相关风险评价。[9]

对于上述责难中的后一种观点，似乎并不完全恰当。因为，转基因水稻的安全性事关公众的健康安全和环境安全，应该是在对其风险进行了充分评价，并且在确认其没有或风险较小的前提下，才可以进行商业化种植和消费。否则，在转基因水稻种植后，虽然获得了公众对其安全性的评价，但是此时有可能已经造成转基因水稻的健康风险和环境风险，甚至这样的风险呈现不可逆转的态势。

这样一来，社会公众是否只能对转基因水稻的经济风险、政治风险、伦理与宗教风险等社会风险进行评价，而不能对其健康风险与环境风险进行评价呢？

国外的相关研究表明，这是可能的，只是此时他们是“认知的吝啬者”（cognitive misers），即在对相关的信息进行加工时，一般不是去获知或者回忆背景中的所有信息，而是依赖于大量的“信息捷径”（information shortcuts），做出尽可能少的努力，探求必要的但比较少的、不充分的信息，以形成某种观点。[10]这是从其他大量的因素，如思想倾向、一般性地对科学的信任或者宗教信念等，对一个科学议题快速做出判断，并以快捷的方式做出的决策；采取的是有限理性（bounded rationality）策略，而非审慎的推理（deliberate reasoning）策略，即不是理智地计算潜在的风险和收益，从而给出相应的判断和态度，而是习惯性地调动并挖掘大脑中的记忆，运用已知的文化观念，拼凑出自己心中的“转基因水稻”，对此加以评价。

这是一种社会文化评价方式，它得到了一些研究者的支持。如马柯（Macer）认为，公众对转基因食品的接受程度主要取决于内在的伦理问题（自然的还是非自然的、基因的跨物种转移等）和文化问题。[11]莱森（Lassen）和吉米逊（Jamison）2000年在丹麦所做的调查表明，公众对转基因水稻的评价主要集中在政治经济和文化价值方面；这两方面居于社会层面，公众可以依据相关社会文化来对此加以评价；这是公众关注的焦点，也是决定某项转基因技术实现应用社会化的关键。[12]刘科认为，生物安全评价中存在社会文化因素，如生态政治文化以及技术恐惧文化的影响。[13]马小平根据转基因食品的特性，提出了转基因食品传播过程中受到以下四种文化的重要影响：传统文化、饮食文化、环保文化及反科技文化。[14]

这就是说，公众是依据社会文化来进行转基因技术（水稻）安全性评价的。进一步的问题是：公众这样做的理由是什么呢？

二　公众转基因水稻安全评价社会文化视域的必然性

要理解公众从社会文化视域评价转基因技术（水稻）安全性的原因，首先就要理解“文化”。从汉语“文化”的“文”和“化”看，应该是以“文”来“化”人，这种词义从古至今几乎没有改变。从英语“culture”的词源考察及其语义发展看，西方人最初是将此作为土地的耕作、自然的照管、宠物的驯化等来看待的，现在更多的是将此理解为人的品德的培养和能力的提高，与汉语的词义相同。问题是，人的品德的培养和能力的提高是如何进行的呢？是通过教育以及物质生产和社会生活进行的。在此过程中，涉及具体化的物质产品、专业性的学校教育、生产性的技能培训，以及社会生产生活的法律规范、意识形态统治等，因此，也就涉及器物、制度、知识、技能、观念等要素。但是，必须注意，器物、制度、知识、技能等要素本身不是文化，只有当所有这些要素经过人类活动以及社会生活的冲刷，经过个体与社会（国家、政府、企业、社团等）的相互作用，有意识或无意识地成为社会公众所普遍拥有和遵从的一般性的思想观念和特定的生活方式时，才成为文化。文化是相对于个人、人类以及人类社会而言的，是具体化的器物、制度以及精神的“人化”，一般性地存在于个人、人类以及人类社会当中。文化是人类创造的，是人类本质力量的对象化，对象化为物质文化和精神文化、科学文化和人文文化、政治经济文化和伦理宗教文化，等等；文化影响着人类，塑造着人类，引导并规范着人类，作为人类日常经验生活的指南，成为人类的存在方式。

文化可以分为“个人文化”和“社会文化”。所谓“个人文化”，事实上是指该人在成长历程中经历的所有在其头脑中形成的思想观念以及其观念下的行为方式。所谓“社会文化”，通俗地讲是指社会层面的文化，亨廷顿（Huntington）将此分为三类：第一，文化可以指一个社会的产物，即人们所说的社会的高雅文化、艺术、文学、音乐和大众文化或者叫民间文化；第二，人类学者在一个更宽泛意义上所说的文化，是指一个社会整个的生活方式、社会制度、社会结构、家庭结构以及人们所赋予它们的意义；第三，其他学者尤其是政治学家把文化视为某种主观的东西，意味着信仰、价值观、态度、取向、假定、哲学等，即一个特定群体的世界观。[15]

对于个人，总是生活在社会文化中，以社会文化作为参照形成并且展开思想观念和社会行为。个人文化离不开社会文化，社会文化是个人文化在社会层面的总体体现，且受到个人文化的影响。当公众面对一些非自己专业（行业）的社会问题如转基因水稻风险问题时，一般来说，就不能通过自己现有的专门且具体的器物、制度、技能等知识来回答，也很难通过自己所独有的个人文化来回答，而只能或者更多地通过社会文化来解决。

落实到转基因水稻安全评价上，中国公众中的少部分是拥有专门的转基因科学技术知识以及粮食安全、国家主权、环境伦理、宗教信仰知识的，他们可对转基因水稻的健康风险和环境风险、经济风险和社会风险以及宗教信仰风险等进行评价。对于绝大多数人而言，是没有这样的专业知识的，只能依靠社会文化来进行相应的评价。

对此，有人会说，公众在转基因水稻安全评价上，可以向那些转基因科技方面的专家以及人文社会方面的专家学习，掌握转基因水稻及其评价方面的相关知识，进行专业性的知识评价。但是，这些专家的评价具有不确定性，专家之间还存在着争论，从而导致“公说公有理，婆说婆有理”的状况。这也使得社会公众无所适从，很难选择。

而且，即使不考虑上面这一点，对公众进行与转基因水稻研究及其应用相关的自然科学以及人文社会科学方面的普及教育，在现实中是不可行的，因为所涉及的人数太多，相关问题、知识及其争论太复杂，公众既没有时间，也没有精力、更没有相应的知识水准来接受这些普及教育。

在这种情况下，公众从社会文化视域对转基因水稻风险进行评价，也就成为必然选择了。

三　中国公众转基因水稻安全评价的社会文化表现

既然公众只能通过社会文化视域评价转基因水稻风险，那么，中国公众究竟是通过什么样的社会文化展开评价的呢？

（一）风险感知文化方面：宁可信其有，不可信其无

道格拉斯（Douglas）本人以及与其他人合作，较早地探讨了风险感知与文化的关系。他本人以及与其合作者论证，风险感知不是由个人的经验，个体的或社会的价值、需要、倾向或风险对象的属性决定，而是一个社会建构的现象；什么被构想为风险、多大的风险是可以接受的，这些都与生活方式以及社会认知关联。[16,17]

对于中国公众，普遍具有“国以民为本，民以食为天，食以安为先”的历史观念，而且，这些年来更是经历了一系列的食品安全事件，如毒大米事件、三聚氰胺事件、黄心鸭蛋事件、瘦肉精事件等，也经历了一系列有关转基因技术的争论，如金大米事件、雀巢咖啡事件等，再加上一些本身仍有疑问的转基因生物安全事件，如普斯陶伊（Pusztai）事件和帝王蝶事件等，使得公众无所适从，对科学家和转基因技术缺乏信心，对转基因

农产品存在现实恐惧感，认为“危险”就在身边，从而产生拒斥心理，抱着更加谨慎和质疑的态度去关注转基因水稻：“宁可信其有，不可信其无”；“缺乏证据并不意味着没有证据”（“absence of evidence does not mean evidence of absence”），没有发现风险并非就是没有风险，而是迄今为止没有发现相关风险或没有足够的证据表明相关风险，其还可以是潜在的、科学还没有认识到的风险。

正因为如此，中国公众对转基因水稻是抱着警惕态度的，坚持在没有确凿的证据表明其安全的情况下，要对其实行严格科学的检测和管理，防患于未然，以规避风险。这与美国公众不同，美国公众更具创新开拓精神，采取的是“可靠科学”（sound science）原则——科学表明是安全的，就是安全的，不要考虑那些假想的、不确定的风险，从而对转基因食品的态度比较积极。此外，由于中国目前食品安全现状堪忧，中国公众相关知识缺乏，生活水平不是很高，普遍对食品安全的要求不是太高，这使得中国公众也不会像欧盟公众那样对转基因产品一概加以拒斥。欧盟公众之所以如此，是因为他们的生活水平较高，环保意识较强，思想比较保守，并且受着 1996 年暴发的“疯牛病”的深刻影响，所以他们对转基因产品采取了禁止的态度。

更何况，中国公众转基因水稻的风险感知还受着媒体宣传的影响。有学者研究表明，媒体在诸如转基因水稻风险报道方面是存在欠缺的：选题方面，选择性比例失衡，受事件和危机驱动；架构方面，扩大争议，建构冲突；信源方面，专家、政府主导；内容方面，准确性不高、去情境化和忽视“事实”之“真相”；语言方面，走向极端，诉诸恐慌；立场方面，趋向科学主义、国家利己主义，等等。这些欠缺直接影响媒体在风险报道中的作用，增大公众对转基因技术风险的恐慌。[18]还有学者研究表明，人际传播能够增强个体的风险感知，降低收益感知。在风险的社会放大框架下，人际传播可起到风险的放大器作用。[19]更有学者研究显示，网络负面口碑对消费者感知风险有显著正向影响；感知风险对产品态度有显著负向影响；消费者产品态度对拒绝购买和反对购买影响显著，对延迟购买没有显著影响。[20]一句话，转基因水稻风险传播强化了公众对它的风险感知。

（二）政治文化方面：凡是他们拥护的，我们就反对；反之亦然

不可否认，转基因水稻商业化种植可以提高粮食产量，解决粮食短缺问题；可以提高粮食品质，增加粮食营养；可以保护环境，促进农业的可持续发展。但是，转基因生物与政治文化紧密相关，有着深刻的“生物政治”（bio-politics）内涵。所谓“生物政治”泛指与转基因生物（Genetically Modified Organisms，GMO）有关的所有政治问题及其解决机制，包括贫穷、饥饿或营养不良问题，发达国家和发展中国家对于 GMO 产品及贸易的不同评价与态度，一些非政府组织（NGO）对于 GMO 的总体性反对，社会公众对于 GMO 的评价与接受，等等。

落实到中国转基因水稻安全性评价上，有一系列的表现，体现在国际政治和国内政治上。

在国际层面，表现在以下几个方面。

“外国阴谋论”：西方敌对国家亡我之心不死，以转基因作物作为平台，暗地里在转基因作物里植入针对我民族的基因武器，推动转基因主粮在我国的种植和商业化，毒害我国人民。[21,22]转基因稻米甚至被某些专家学者解读为美国控制中国粮食和中国人口的手段，是推行生物殖民主义、霸权世界的象征，转基因食品扩散也被比喻成一场“新鸦片战争”。

“基因专利垄断论”：中国转基因水稻的研发牵涉国外多种专利，中国要种植转基因水稻，首先就要购买这些专利，这是一个绕不过去的坎。这样一来，国外某些国家就可以通过专利控制中国的主粮生产，增加水稻种植成本，控制中国的某些农业产业。[23]

“种子控制致贫论”：国外转基因作物种子公司对传统的农作物进行遗传改造，对转基因作物的种子申请基因专利，剥夺国内农民留种的权利，危害中小公司和农民的利益，导致严重的利益分配不公，影响社会稳定。

上述观点虽然值得商榷，但是，因其民族主义和爱国主义情怀而在国内网络平台上广泛传播，对国内公众的影响很大。国内公众就此认为，转基因水稻在中国的商业化（虽然还没有贯彻）是发达国家运用转基因技术对中国的一次新侵略，必将损害中国的国家主权、粮食安全和农民权利，因而必须禁止。

在国内层面，有学者在湖北、浙江、重庆等省市经过实地调查，并且通过结构方程模型分析，发现制度信任影响公众的风险感知，决定着公众对转基因技术的接纳程度。[24]还有学者指出，中国公众抵制转基因主粮商业化有三方面的原因：一是“高精尖”的转基因科技造成公众与科学的隔离；二是专家的“利益私化”导致专家与公众的分离；三是政府“公信力”的下降加深公众与政府的隔阂。[25]

应该说，上述研究结果可信。考察当今中国社会，不难发现官员腐败、企业无良、专家无德，甚至他们形成某些牢不可破的利益共同体。这些导致公众对政治诚信、经济诚信、科技诚信失去信心，对来自这些利益群体竭力肯定转基因水稻的安全性乃至商业化的言行表示怀疑，甚至出现“塔西佗效应”——无论这些官员、企业家和专家在说真话还是在说假话，做好事还是做坏事，都会被认为是在说假话、做坏事。

有鉴于此，就要对转基因水稻评价与决策中的政府、企业、专家恰当定位，进行内部和外部的规范，增强他们的公信力，以取信于公众。

如对于科学家，布里奇斯托克（Bridgstock）等将其分为学院科学家、产业科学家和政府科学家。[26]罗杰·皮尔克（Roger A. Pielke）认为科学家在不确定的科学评价与决策中有四种角色——纯粹的科学家、科学仲裁者、观点辩护者、政策选择的代理人，并讨论了每种角色的适用场景。[27]参照转基因水稻风险评价及其决策，不同科学家的角色有不同的定位。

学院科学家：可以置身事外，把自己看作一个与转基因水稻风险评估与决策所涉利益无关者。这种态度对于他们进行转基因水稻风险评价有一定优势，使得他们的评价能够更加客观、公正，但是，从目前我国这类科学家的情况看，他们普遍采取“事不关己，高高挂起”的策略，导致他们的伦理道德和社会责任不能得到体现。这种状况应该改善。

转基因产业科学家：直接与转基因水稻商业化种植有关，不可能置身事外而成为一个纯粹的科学家。而且，考虑到他们是为企业甚至为自己服务的，让他们成为政策选择的代理人，即汇集不同人的观点，将科学技术成果与各种可能的政策结果相联系，阐明科学结果对于政策的意义，从而为公众和决策者提供广泛的选择，也是很难的。根据他们的服务对象（企业或本人），他们的角色定位应该更多地作为观点的辩护者，即为转基因公司和个人服务。由此，他们倾向于支持转基因水稻商业化是追求个人利益最大化使然，本也无可厚非，只是他们不应该无视科学界对转基因水稻风险评价持有的相反观点及其争论，而作为科学仲裁者，一味确定性地宣称转基因水稻是安全的，并且应该尽早产业化[28]，是不合适的。

政府科学家：是为政府制定恰当的科学政策服务的，由于政府是为公众服务的，因此，作为政府科学家，理应为公众服务。由此，在转基因水稻问题上，政府科学家的恰当定位应该是政策选择的代理人。但是，综观我国政府科学家，他们在为某些政府官员服务，从而成为这些政府官员赞同转基因水稻商业化的观点辩护者。

在这种情况下，中国公众对于那些转基因产业科学家以及某些政府科学家之“转基因水稻是安全的”观点的拒斥，也就可以理解了。

（三）经济文化方面：尊重传统水稻种植模式

有学者对稻农关于转基因水稻的认知、种植意愿及影响因素进行了调查。发现在总共 220 位被调查的稻农中，听说过转基因水稻的占 82.5%（165 人），没有听说过的占 17.5%（55 人）；影响稻农种植意愿的外部因素有稻种价格、健康风险、粮食安全，以及关于水稻本身的特性如节水抗旱、提高产量、营养价值、政府支持、技术指导；另外，稻农自身因素中的年龄与是否存在第二职业对种植意愿负相关，文化程度、种植时间、家庭收入、种植面积、家庭人口数与种植意愿正相关。[29]

考察上述调查研究，没有涉及传统水稻种植模式对稻农转基因水稻种植意愿的影响。事实上，传统的水稻种植模式具有一定的优势。在中国，就有 4 个全球重要的农业文化遗产，分别是浙江省青田稻鱼共生系统、云南省红河哈尼稻作梯田系统、江西省万年稻作文化系统、贵州省从江侗乡稻鱼鸭复合系统。这些农业文化遗产的共同特点都是通过系统内水稻和鱼类共生，通过内部自然生态协调机制实现系统功能的完善。具体而言，“稻鱼共生”系统利用稻田的浅水环境辅以人工措施，既种植水稻又养鱼，使稻田内的水资源、杂草资源、水生物资源以及其他资源和能量更加充分地被鱼类利用，通过其生命活动，达到为稻田除草、灭虫、松土和增肥的目的，获得稻鱼双丰收的效果，增加农民收入，提高农民生活品质，同时可减少化肥、农药、除草剂的使用，改善农田水质。[30]

不仅如此，现有技术与现有品种水稻种植相配套，但不与转基因水稻种植所需的技术完全配套。转基因技术作为核心和引领技术，在培育出优良的种子资源的同时，也要求配套相应的耕作与种植制度（包括作物布局、种植模式等），管理措施（包括整地、播种、肥水投入、中耕、收获）等，这对传统水稻种植模式是一个挑战。转基因水稻的种植，引发了一系列的问题：第一是生态景观问题；第二是食物结构问题；第三是生产方式问题；第四是水稻生长问题；第五是施肥问题；第六是除草问题；第七是农药问题。[31]这一系列的问题，不仅会打乱传统的食物结构，而且还会打乱农民的生产结构，甚至是社会结构，势必引起稻农乃至相关部门和人员的抵制。

综合上述观点，稻农在是否愿意改变现有的水稻种植模式而去改种转基因水稻这一问题上的选择是复杂的，受着多种因素的影响，其中传统水稻种植文化以及配套的技术模式，对转基因水稻种植起着阻滞作用。

（四）饮食文化方面：越地方、越自然、越绿色越好

有学者指出，“对食品的要求不仅仅从满足人们自身的饥饿出发，而且要考虑到人们生活水平提高后，对食品的文化要求。从这点说，转基因食品不仅仅要发展技术优势，发展其符合社会饮食文化主流的附加文化价值同样重要”[14]。不能说该学者的看法不正确，要使得转基因水稻被公众食用，就必须要有相应的转基因水稻是安全的社会文化作为前提，否则，即使允许种植转基因水稻，食用者可能也寥寥无几，甚至引发公众恐慌和社会动荡。

在过去的一段时间内，中国国内环境破坏问题普遍存在且比较严重，而且，各种食品安全问题不时出现甚至引起公众恐慌，在这种情况下，健康的饮食成为公众普遍的诉求，社会在饮食上占据主导的文化是“越地方、越自然、越绿色越好”。

1. 地方性的饮食传统：越自然越好

中国栽培水稻经历了数千年的不断种植和选择，积累了数以万计的水稻品种资源，水稻、陆稻、籼稻、粳稻、糯稻、香稻、紫稻、红稻、深水

稻等。人们所知的这些稻种名称虽多，但在分类上就属于籼稻和粳稻两个亚种。籼稻主要分布于华南的广大地区，粳稻则主要分布于黄河流域及其以北地区。这种分布上的差异，主要与气候、地理等地方条件相对应，并使得相应的稻米饮食在原料、色质、口感、风味等方面具有地方特色，也有了所谓的“一方水土养一方人，一方饮食具有一方的特色”的饮食文化。

2. 食品的自然纯正：越自然越好

一是工厂的不如家养的，家养的不如野生的；二是不自然的就是不好的，不自然的是存在风险的，越不自然，风险越大。这样一来，相较于家养禽畜和杂交育种，由转基因技术所产生的转基因生物更不自然，从而也更不受欢迎。

上述观念有一定道理。虽然我们不能说“不自然地就一定不好”，但是，这种不自然超过一定限度，肯定是有问题的。笔者曾经比较了三种生物育种技术，得出结论：农业社会家养禽畜和工业社会杂交育种，都是“做”的过程，没有违背生物内在结构，是顺应生物繁殖规律，所培育出来的生物是安全的；现代社会转基因技术的特征是“制造”，它打破了生物繁殖的物种壁垒，违背生物内在结构，人为地强迫生物产生出自然界永远也不可能进化出的具有新特征的生物；该生物是自然界的“第三者”，有可能造成生态环境的破坏。[32]另有学者指出，转基因技术打破了生命单纯以自然方式存在的固有特征，成为可操作、可控制的非自然对象，蕴藏着毁掉自然的危险。[33]

3. 食品的绿色健康：有机食品及食疗大行其道

水稻种植在中国已经有了相当长的历史，传统的农业种植技术在中国已经形成传统。有机农业、生态农业、有机食品得到追捧，食品保健、饮食养生等大行其道！这是环境保护以及饮食健康的必然要求，与生态文化和健康文化的大背景相一致。

4. 虫子都不吃，人还能吃吗

这种观念在现代的中国很有市场。虽然吃什么并不能补什么，吃“转基因”并不就补“目的基因”，但是，虫子都不吃，人还能吃吗？科学家以及赞同转基因的人们给出了科学的理由，认为是可以吃的，但是，社会公众仍会认为，人还是不能吃的。他们可能会设想，“抗毛毛虫西红柿”

对所谓的害虫有毒，凭什么就对人没有毒？“抗毛毛虫西红柿”毕竟不是自然生长的西红柿，毕竟对毛毛虫有毒性，毕竟是利用苏云金芽孢杆菌在西红柿细胞 DNA 内引入一段基因，编码出对毛毛虫有毒性的蛋白而产生的，既然它能够抑制虫害，那么在没有充分的证据表明其无害于人体健康的情况下，还是不吃为好。

一句话，在这样的饮食文化背景下，公众拒斥转基因水稻，也就在情理之中了。

（五）伦理文化方面：代内和代际不公，生命和生态损害

这既涉及人与人之间的伦理文化，也涉及人与自然之间的伦理文化。对于中国公众，如果转基因水稻存在风险，则发达国家利用占据优势的科学技术对发展中国家的剥夺以及转基因种子公司对农民的欺压等就会成为现实；而且，就中国而言，转基因水稻不仅对当代，而且对后代人类都会造成威胁。这是代内国际伦理和代际国内伦理问题，它们已经成为公众转基因水稻相关社会伦理文化的一部分。

而且，社会公众还可以从生命神圣、生命崇高的角度去敬畏生命，也可以从人类仁慈、人类善良的角度去关怀生物。这些必然导致公众从生物人文的角度去拒斥转基因水稻，因为转基因技术的应用会造成相关生物生命的伤害。

不仅如此，公众还可以从食物链以及生态系统的角度来考察转基因水稻。比如在抗虫转基因水稻产生之前，根据生物进化以及生态系统演化，虫子吃水稻是自然规律。虫子吃水稻，结果是水稻或死或伤，但是，虫子活了；而对于抗虫转基因水稻，则是虫子吃水稻，水稻活了，但是，虫子或死或伤。如此，就由“虫子吃水稻”转变为“水稻‘吃’虫子”，抗虫转基因水稻就是一个违背生物进化和生态系统演化规律的产物，逆转了自然界进化所形成的食物链，破坏了生态系统平衡，扰乱了生物多样性，是不可取的。

（六）宗教文化方面：有违传统教义和禁忌

莱森（Lassen）和吉米逊（Jamison）就说，“转基因技术对人类深刻

的意义以及神性的指导原则提出了挑战”[12]，考察转基因水稻之于宗教文化的意义，确实如此。

1. 稻米文化与宗教文化

中国种植水稻的历史源远流长。与此相对应，形成了各种各样的具有地方性特色和民族性特色的稻米文化。如对于傣族，其族群的来历与称谓、傣族稻作农耕的特点、越王勾践蒸谷与吴的传说以及傣族人蒸谷与佤族人的故事、稻谷的起源与傣族的稻魂、傣族的“达辽”——祭稻神、傣族文化中的水稻因素与佛教因素的融合、傣族稻作祭祀，等等，都是这种文化的体现。[34]

这样的传统文化势必导致当地的人们以及相关的族人坚守自己的传统水稻种植模式，而竭力阻止转基因水稻。当然，随着这样的传统文化的衰落，这种坚守和阻止也被削弱了。

2. 转基因水稻与“造物主”

转基因技术以分子生物学为基础，采取“制造”和“座架”的方式，打破了生物进化的历史性、违背了生物的目的性和完整性，将一个物种中的基因“人为地”转移到另外一个物种之中，从而使得这一物种也具有另外一个物种的遗传特征，成为“准新物种”。这样一来，人类“扮演上帝角色”，成为“准新物种”的创造者。

人类的上述行为受到许多基督徒和穆斯林的谴责。基督徒们认为，这是在“玩弄上帝”，违背了基督教教义；穆斯林认为，这违背了伊斯兰教的信念，是不可取的——真主以最合理的方式创造了所有的生命形式，这一点不应被人类所改变，除非某些生命形式偏离了最初的正确形式。生物技术产品如果不是以上述最合理的形式出现，就被认为生命形式受到了“污染”。[35]

四　结论、讨论和建议

（一）结论

1. 公众是从社会文化视域评价转基因水稻的

转基因水稻有各种各样的风险，如健康风险和环境风险、粮食安全和国家主权风险、伦理价值和宗教文化风险等，对于这些风险，公众主要是从社会文化视域进行的。

2. 公众从社会文化视域评价转基因水稻风险具有必然性

公众虽然可以通过非文化的方式如专业知识进行评价，但是，鉴于他们没有这样的知识，而且这样的专业知识既复杂又庞杂，并且还具有不确定性，因此，也就无法通过普及性的教育使他们具有这样的专业知识用于转基因水稻的各种风险评价。

3. 公众通过社会文化评价转基因水稻的安全性

公众既可以根据风险感知文化之“宁可信其有，不可信其无”，以及国际政治文化之“外国阴谋论”和国内政治文化之“塔西佗效应”，也可以根据饮食文化之“越地方、越自然、越绿色越好”，来评价转基因水稻是不安全的，还可以根据政治文化之“基因专利垄断论”“种子控制致贫论”，经济文化之“传统水稻种植模式和技术受到冲击”，伦理文化之人际伦理（代内伦理和代际伦理）、生命伦理（环境伦理），以及宗教文化，来评价转基因水稻是不好的。这种不好也是一种不安全。

（二）讨论

1. 公众通过社会文化视域评价转基因水稻风险合理吗

对于粮食安全和国家主权、伦理价值和宗教方面，公众从政治文化、经济文化、饮食文化、伦理文化和宗教文化等层面进行评价，是能够理解的，也是合理的，但是，从风险感知文化和政治文化角度评价转基因水稻的健康风险和环境风险，似乎难以理解，因为这两种风险归根结底属于事实论证，应该由科学家进行实验研究完成，而现在则由公众通过风险感知文化和政治文化完成。

事实上，这仍然能够理解。因为在中国国内食品安全以及科研诚信、企业诚信低迷的情况下，在西方发达国家敌对势力对我国的诸多限制和打压的形势下，中国公众采取“宁可信其有，不可信其无”“他们赞成的，就是我们反对的，反之亦然”策略，来对转基因水稻进行评价，是一种理性的选择。况且，科技专家对其风险的认识是不确定的，并不都是客观的和中立的，因此，还需要社会公众从社会文化的角度，对此加以评价，以弥补科技专家对转基因水稻风险评价的不确定性和非客观性。

2. 公众对转基因水稻风险的社会文化视域评价总是带来否定的结论吗

答案是否定的。如果公众抱着科学主义的态度，坚持“科学例外论”[36]，认为科学家能够客观正确地认识转基因技术风险，转基因技术所带来的收益远远大于其可能带来的风险，那么，他们就会认为，对于“转基因水稻是否存在风险”这一问题，应该由科学家说了算。既然转基因产业科学家说转基因水稻是安全的，那么在他们看来就是安全的。进一步地，如果他们没有国际政治文化之“外国阴谋论”“基因专利垄断论”“种子控制致贫论”，反而有相反的政治文化“月亮还是外国的圆”“优先种植以占领制高点”；没有经济文化之“种植致贫论”，反而有“种植致富论”；没有相应的伦理文化，反而有“有益于人类”和环境保护；没有相应的宗教文化观念，反而有科学无神论的思想——那么，他们就会根据这样的社会文化，认为转基因水稻没有风险，是好的，从而接受转基因水稻。

从目前看，引致公众拒斥转基因水稻的社会文化占据主导（可能经济文化和宗教文化除外），由此导致较多的公众拒斥转基因水稻。关于这点，可进一步研究。

3. 要改变引致拒斥转基因水稻的社会文化以利于转基因水稻的商业化吗

这涉及这样的文化是否合理，以及这样的文化是否短期内甚至在较长的一段时间内能否被改变。

（1）拒斥转基因水稻的社会文化是否合理

不可否认，通过社会文化来评价转基因水稻，属于人文评价，它与科学评价相对应。对于这样的社会文化，有人认为是不合理的。如有人认为：“人文意识一旦泛滥了，变成了廉价甚至无聊的东西，就是对科学精神的生硬骚扰。在大多数情况下，科学精神都比简单化了的人文意识更为珍贵，何况真正的科学上的明白人不可能没有人文意识；不仅如此，他们的人文意识更为靠谱和着调。”[37]

上面这段话蕴含了两层含义：一是转基因水稻评价的社会文化是错误的；二是应该用转基因水稻的科学评价来代替其社会文化评价。

对于第一层含义，并不正确。考察前述引致拒斥转基因水稻的社会文化，更多的是有道理的，如风险感知文化、国内政治文化、饮食文化；有些是存在争论的，如国际政治文化、经济文化、伦理文化；有些与科学相违背，如宗教文化。如此，用转基因水稻的科学评价来代替其社会文化评价，即第二层含义，也是错误的。

事实上，那些否定公众转基因水稻社会文化视域评价的人们，更多地持有的是传统的科学观——实证主义科学观，认为科学家是客观的，科学知识是确定的，科学能够给出转基因水稻以确定性的正确评价，从而导致科技专家能够决策——专家治国，坚持的仍然是科学主义观念——一切与科学不相一致的知识和文化，都是不科学的，都不应该被接受。事实上，转基因水稻评价与商业化不仅与科学有关，而且与社会和人类自身也有关，社会文化因素是有价值的，公众的社会文化知识仍然是有效的知识，仍然具有一定的价值及其合理性，它是公众进行转基因水稻评价的主要思想来源和方式，否定它也就等于否定了转基因水稻人文社会科学评价，否定了公众参与转基因水稻风险评价乃至进一步参与决策的权利。以转基因水稻安全评价及其商业化的科学视域来排斥社会文化视域，实际上是以科学代替人文，犯了科学沙文主义的错误。这里体现的是转基因科学家与公众的对立，科学理性与价值理性的断裂，科学文化与人文文化的冲突。

这种冲突，实际上是科学主义（科学或那些能够归结为科学的人文社会科学或知识才是正确的、有价值的，能够解决问题的）与反科学主义（与科学不一致的社会文化或知识仍然是有效的、有价值的，必须得到尊重）的冲突，实证主义科学观（科学例外论——知识论的例外论、柏拉图式的例外论、社会学的例外论、经济学的例外论）与后现代主义科学观［科学知识社会学（SSK）、后殖民科学技术、地方性知识——知识是历史的、相对的，公众地方性知识是有效的，科学家是有价值负荷的，科学技术的经济社会收益是相对的等等］的冲突，专家治国论或技治主义（唯一地由专家进行相关评价和决策）与民主化的社会治理（后常规科学——不确定科学认识情况下的公共决策模式）的冲突。

（2）拒斥转基因水稻的社会文化能否改变

事物都是在运动、变化和发展着的。就此而言，拒斥转基因的社会文化是能够改变的。问题是，需要改变这样的文化吗？在短期内或者较长的一段时间内，改变这样的文化可能吗？

如上所述，拒斥转基因文化总体上是合理的，因此，就不应该改变。更加深刻的是，这种拒斥转基因文化的形成是基于长期以来社会食品安全现状，如政治经济文化呈现，饮食偏好的形成，以及伦理宗教观念的养成，要改变拒斥转基因社会文化，首先就要改变拒斥转基因社会文化形成的所有这些社会方面。这些方面有的应该改变，如食品安全不理想，国际政治的敌对状况，国内政府诚信、科研诚信等的失信状况；有的不应该改变，如饮食文化、伦理文化和宗教文化；有的可改变可不改变，需要具体情况具体分析，如经济文化。在这种情况下，笼统地宣称改变拒斥转基因水稻的社会文化，是不恰当的。

更为重要的是，社会文化不是一朝一夕形成的，与公众接受转基因水稻环境风险和健康风险及其收益方面的知识不同，公众的社会文化是历史形成的，养成时间漫长，已经深刻地融入人们的思想中，根深蒂固于人们的行为中，很难在短时间内改变。据此，那种试图忽视公众社会文化因素方面的作用，或者试图在短时间内改变公众的社会文化价值观念，以利于转基因水稻的商业化种植，是错误的。可以说，社会文化因素在中国公众转基因水稻安全评价中仍将长期地起作用，有关转基因水稻安全争论仍将由此持续地进行下去。

相反地，赞成转基因水稻的社会文化除了科学主义文化、经济主义文化以及专家治国外，其他的是可争论的，也不能一概否定。只是必须明确，赞成转基因水稻的社会文化总体上是错误的，应该在批判的基础上加以扬弃。

（三）建议

（1）中国公众是以社会文化视域来评价转基因水稻风险的，这种视域评价应该得到尊重。

（2）有赞成转基因水稻商业化种植的社会文化，也有拒斥转基因水稻商业化种植的文化。从目前看，占据主导的是后者，由此导致中国公众较多地拒斥转基因水稻商业化种植。这种状况必须得到高度重视。

（3）可以通过自然科学和人文社会科学普及教育，使中国公众具备相关专业知识，对转基因水稻进行专业性的评价，但是，这是复杂的、深刻的，短期内很难达到的，所以对于所有中国公民普及教育是不可行的，可行的是在部分人群中进行，此时，应该将争论双方的观点全部呈现并给出全面的评价。

（4）拒斥转基因水稻的社会文化总体是正确的，而赞成转基因水稻的社会文化总体是错误的。理解了这一点之后，我们的科学家尤其是转基因产业科学家和政府官员就不能无视公众转基因水稻安全评价的社会文化视域，而认定他们拒斥转基因水稻商业化是无知的和非理性的表现。事实上，如上所述，公众虽然对转基因技术及其生物很大程度上是无知的，但是，他们拒斥转基因水稻商业化不是出于无知或是非理性，而是有其深刻的社会历史文化方面的原因。

（5）社会文化具有历史性、多样性、复杂性、局限性、稳定性，但也具有共时的合理性，这点对于拒斥转基因水稻的社会文化更是如此，由此，不能硬性或强制性地去改变，更不能用赞成转基因水稻的社会文化如科学主义文化来代替，否则就会造成科学与人文的冲突，引发社会动荡，不利于安定团结。正所谓："社会问题，归根到底是文化问题。文化是分化个人的隔离层，也是凝聚社会的黏合剂。现代人的焦虑、困惑与冲突，是现代文化发展中出现了重大转折的结果。传统的文化链条断裂了，黏合剂散化了，隔离层加深了，这才引起了社会的喧哗与骚动。"[38]因此，批判科学主义文化，改善社会食品安全，增强社会诚信，加强经济安全和伦理道德教育等，是我们的当务之急。

（6）在我们国家，科学主义盛行，反人文的思想到处可见。由此，将会导致转基因水稻评价与决策上的科学实证主义和技治主义，结果是"风险的科学缩小"，由此增加了转基因技术的风险。当然，我们也不能从一个极端走向另一个极端，由社会文化代替科学文化，不考虑转基因产业科学家的观点，从而认定任何一种转基因水稻一定存在环境风险和健康风险；或者只考虑转基因水稻社会文化方面的风险，如此，"是由公众进行了'风险的社会放大'（social amplification of risk）"[39]。根据我国的现状，在转基因水稻风险评价问题上，我们要做的应该是"要反对'风险的社会放大'，但主要是防'科学主义'"，这对于保持社会稳定，建立和谐社会，意义重大。

参考文献

[1] 高亮、陈璇：《转基因作物和产品的公众认知与态度调查》，《社科纵横》2011 年第 2 期。

[2] 吕瑞超：《转基因食品信息推广中的传播渠道可信度研究》，华中农业大学硕士学位论文，2010。

[3] 曲瑛德、陈源泉、康定明等：《我国转基因生物安全调查Ⅰ．公众对转基因生物安全与风险的认知》，《中国农业大学学报》2011 年第 6 期。

[4] 毛新志、李思雯、张萌、葛星、翁涛：《公众对转基因水稻的认知、产业化态度和行为导向分析——基于湖北省的调查数据》，《自然辩证法通讯》2012 年第 5 期。

[5] 周慧、齐振宏、冯良宣：《消费者对转基因食品认知及影响因素的实证研究》，《华中农业大学学报（社会科学版）》2012 年第 4 期。

[6] 张焕囡、王云丽：《转基因食品的公众认知度调查研究》，《现代农业科技》2013 年第 7 期。

[7] 张郁、齐振宏、黄建：《基于转基因食品争论的公众风险认知研究》，《华中农业大学学报（社会科学版）》2014 年第 5 期。

[8] 马光、郭继平：《转基因食品公众认知与信任度研究——以衡水市为例》，《新农业》2015 年第 12 期。

[9] 陆群峰、肖显静：《公众参与转基因技术评价的必要性研究》，《科学技术哲学研究》2016 年第 2 期。

[10] Sei-Hill Kim，Jeong-Nam Kim and John C. Besley，“Pathways to Support Genetically Modified（GM）Foods in South Korea：Deliberation Shortcuts，and The Role of Formal Education，” *Public understanding of Science*，2013，22（2）：169－184.

[11] Darry Macer，“Food，Plant Biotechnology and Ethics. IBC of UNESCO”，*Proceedings of the Forth Session*，October 1996，1（1）：9－10.

[12] Jesper Lassen and Andrew Jamison，“Genetic Technologies Meet the Public：The Discourses of Concern，” *Science*，*Technology*，& *Human Values*，2006，31（1）：8－28.

[13] 刘科：《转基因农产品生物安全评价中的非科学因素分析》，《未来与发展》2009 年第 1 期。

[14] 马小平：《转基因食品传播推广中的文化影响因素研究》，《文化纵横》2010 年第 3 期。

[15] 塞缪尔·享廷顿、李俊清：《再论文明的冲突》，《马克思主义与现实》2003 年第 1 期。

[16] Douglas, M., *Cultural Bias. Occasional Paper No.* 35, Royal Anthropological Institute of Great Britain and Ireland, 1978.

[17] Douglas, M. and Wildavsky, A. B., *Risk and Culture: An Essay on the Selection of Technological and Environmental Dangers* (Berkeley: University of California Press, 1982).

[18] 肖显静、屈璐璐：《科技风险媒体报道缺失概析》，《科学技术哲学研究》2012 年第 6 期。

[19] 崔波、马志浩：《人际传播对风险感知的影响：以转基因食品为个案》，《新闻与传播研究》2013 年第 9 期。

[20] 陈涛、刘旭青：《网络负面口碑、感知风险与消费者创新抗拒——中国市场转基因食品的研究》，《企业经济》2015 年第 2 期。

[21] Littmu：《坚决抵制转基因水稻》，http://www.wyzxsx.com/Article/Class4/201001/126902.html，2010 年 1 月 21 日。

[22] 刘高吉：《转基因技术对国家主权的影响——以基因武器为例》，《市场周刊》2015 年第 3 期。

[23] 郎咸平：《转基因水稻的背后》，http://www.wyzxsx.com/Article/Class4/201004/143764.html，2010 年 4 月 12 日。

[24] 陈璇、陈洁：《转基因技术的公众接纳与风险感知、制度信任》，《江西社会科学》2016 年第 10 期。

[25] 姜萍：《中国公众抵制转基因主粮商业化：三重缘由之探》，《自然辩证法通讯》2012 年第 5 期。

[26] 布里奇斯托克等：《科学技术与社会导论》，刘立等译，清华大学出版社，2005。

[27] 罗杰·皮尔克：《诚实的代理人：科学在政策与政治中的意义》，李正风、缪航译，上海交通大学出版社，2010。

[28] 肖显静：《中国转基因水稻商业化种植争论中的科学观》，《晋阳学刊》2016 年第 2 期。

[29] 朱诗音：《稻农对转基因水稻的认知、种植意愿及影响因素研究——基于江苏省淮安市稻农的实证分析》，《科技管理研究》2011 年第 21 期。

[30] 高志、陈菁：《稻鱼共生系统在农业面源污染防治中的作用》，《安徽农学通报》2010 年第 9 期。

[31] 刘景慧、范小青：《侗族传统文化的变迁——以杂交水稻的传入所引发的文化变

迁为例》，《怀化学院学报》2004 年第 6 期。

[32] 肖显静：《转基因技术本质特征的哲学分析——基于不同生物育种方式的比较研究》，《自然辩证法通讯》2012 年第 5 期。

[33] 阎莉、李立、王晗：《转基因技术对生命自然存在方式的挑战》，《南京农业大学学报（社会科学版）》2013 年第 5 期。

[34] 玄松南：《傣族传统文化中的水稻因素》，《中国稻米》2007 年第 6 期。

[35] 詹姆斯·D. 盖斯福德等：《生物技术经济学》，黄祖辉、马述忠等译，上海人民出版社，2003。

[36] 布鲁斯·宾伯、大卫·H. 古斯顿：《同一种意义上的政治学——美国的政府和科学》，载希拉·贾撒诺夫、杰拉尔德·马克尔、詹姆斯·彼得森等《科学技术论手册》，盛晓明等译，北京理工大学出版社，2004。

[37] 李成贵：《转基因的迷雾》，（www. xys. org）（xys3. dxiong. com）（www. xysforum. org）（xys-reader. org）。

[38] 郇正、李岩：《人与文化的矛盾与当代社会发展的主题》，《社会科学辑刊》2010 年第 1 期。

[39] Clare B. Herrick, "Cultures of GM': Discourses of Risk and Labelling of GMOs in the UKand EU," *Area*, 2005, (37) 3: 287.

食品安全治理研究

考虑产品声誉的食品安全协同规制研究*

傅　啸　王嘉馨　韩广华**

摘　要：协同规制是充分利用“公共规制”和“私有规制”的公共治理方式，本文从协同治理的视角探讨食品安全风险治理问题，重点分析产品声誉对于协同治理效果的影响以及相应的应对策略。文章通过建立政府监管部门、食品制造企业和顾客的三层供应链模型，设计基于声誉更新模型的协同规制，通过数理分析的方式展开探讨和分析，重点探究产品声誉因素对食品制造企业的产品质量和销售价格以及政府检测准确性和奖惩力度的影响。数理分析的结果表明产品售价与声誉呈现正相关的关系，但与政府奖惩力度呈现负相关关系。与此同时，研究还发现在声誉因素的作用下，政府提高检测产品质量的准确性或者加大对食品制造企业的奖惩力度，能够有效地控制食品的质量，平衡企业销售价格，从而提高企业收益。最后，为了探索理论模型的适用性和长期效果，本文采用大量仿真实验进行仿真论证。仿真实验得到了一系列食品安全的风险管理启示，如企业想通过提高产品质量来提升企业声誉的过程会比较缓慢，而一旦暴发食

* 本文是“浙江省哲学社会科学规划课题”（编号：18NDJC043YB）、“浙江省自然科学基金”（编号：LQ18G010003）、“国家自然科学基金青年项目”（编号：71802065，71501128）、“杭州市哲学社会科学规划项目”（编号：2018JD51）、“上海市哲学社会科学规划课题”（编号：2019BGL022）阶段性研究成果。

** 傅啸，杭州电子科技大学浙江省信息化发展研究院助理研究员，主要从事供应链企业信任关系、食品安全供应链等方面研究；王嘉馨，中国美术学院中国画与书法艺术学院助理研究员，主要从事公共关系和媒介研究；韩广华，上海交通大学国际与公共事务学院副教授，主要从事食品安全和风险治理方面的研究。

品质量安全问题就会造成对企业声誉的毁灭性打击。

关键词： 食品安全　产品声誉　协同规制　政府奖惩力度

一　引言

食品安全风险是世界各国普遍面临的共同难题，每年因食品和饮用水不卫生导致约有 1800 万人死亡。近年来，发达国家也深受食品安全问题困扰（如德国“毒黄瓜事件”、美国“花生酱事件”），中国食品安全事件（如“福喜事件”“瘦肉精”“染色馒头”等）也高频率地发生。根据清华大学媒介调查实验室刚刚完成的“中国综合小康指数”调查，食品安全（55.1%）已经超越环境保护（36.5%）、物价（43.4%）、医疗改革（40.5%）、房价（41.2%），说明了公众对当前食品安全问题的焦虑、无奈甚至极度不满意。食品安全事件以及由此引发的社会安全事件已经成为政府的巨大挑战。

传统上，食品安全风险治理通过两个管理方式进行：政府制定食品安全管理制度并监督实施（称为“公共规制”）和食品制造企业自身的质量契约（“私有规制”）。由于政府缺少专业的食品安全信息和分析技术，公共规制往往效果不佳；而企业的目标在于利润最大化，私有规制往往有悖于实现社会福利，所以两种规制手段均有先天缺陷。因此，本文在结合这两种规制手段、探索其协同规制（Co-regulation）模式的基础上，研究产品声誉对食品制造企业的产品质量和销售价格，以及政府检测准确性和奖惩力度的影响。

本文在政府监管部门、食品制造企业和顾客的三层供应链的基础上，首先考虑政府检测食品制造企业的产品，并将检测结果公开，顾客会根据曝光的产品质量以及市场售价，建立对该产品的“口碑”。在本文中，我们将产品积累的“口碑”定义为产品声誉。其次根据政府的检测结果，食品制造企业还会受到相应的奖励或惩罚，通过建立市场需求模型和食品制造企业的利润模型，企业将最大化其期望收益以得到最优的产品销售价格。最后，在交易期末，顾客会依据实际产品质量、产品售价，建立声誉更新模型，更新产品的声誉值，这也将直接影响到食品制造企业下个交易期的行为决策以及政府奖惩机制的制订。

本文的贡献在于：①结合之前政府的食品安全管理制度和食品制造企业自身的质量契约，本文引入了声誉因素探讨其对食品安全供应链中各决策方的调节作用。②通过产品质量和售价等市场公开信息，建立了声誉更新模型，更准确地刻画出产品在多周期交易过程中的声誉变化。③本文的研究结果显示，声誉因素对完善食品安全中的“公共规制”和“私有规制”是很好的补充。

本文下面内容包括：国内外文献回顾。通过分析最近国内外食品安全供应链的研究，总结还存在的一些问题，并提出本文的创新点。模型构建。主要讲设计声誉更新模型，市场需求模型以及食品制造企业的利润模型。模型性质推导。仿真结果与分析。主要讲通过实验参数设计，仿真得到实验结果并进行分析。结论。是对本文研究成果的总结，并提出了对未来研究的设想。

二 国内外文献回顾

之前关于食品安全风险治理的研究大多从政府的食品安全管理制度和食品制造企业自身的质量契约两个角度来研究，而从信任、口碑的角度研究食品安全供应链问题还不多见。但这三类文献与本文密切相关，下面将从这三方面进行简要梳理，并归纳出本文与之前研究的不同之处。

从总体研究情况来看，政府的食品安全制度管理和食品制造企业的质量契约管理研究已经比较普遍。刘为军等[1]通过实证研究分析了影响我国食品安全控制的关键因素，总结出消费者控制、政府控制、生产者控制、科技控制是目前我国食品安全综合示范控制模式的关键指标。Van Asselt 和 Meuwissen[2]根据市场对农产品和食品信息的需求，总结了在动态食品供应链中影响食品安全风险的关键因素。肖静[3]提出建立预警、监控、追溯和信用管理四项基本措施对食品安全供应链进行监管。王晓东[4]认为在面对食品安全风险时需要设计系统的风险管理流程，将经营风险管理、法律风险管理、战略风险管理、财务风险管理和研发风险管理共同筹划考虑。曹裕等[5]认为有效的政府监管是控制食品安全事件的重要途径，文章通过建立“一对多”的政府与食品企业对称博弈模型，研究政府参与下多食品企业的监管策略。

针对食品质量信息在供应链上的不均匀分布，Starbird[6]提出了使用食品供应链契约能够更好地鉴别出食品质量安全的生产者，其中还包括了质量成本及惩罚成本等因素。张燈和汪寿阳[7]提出了包含追溯性、透明性、检测性、时效性和信任性五个要素在内的食品供应链质量安全管理模型框架。刘畅等[8]通过对大量食品安全事件的实证分析，探讨了我国食品质量安全控制薄弱环节和本质原因，找出了食品质量安全的关键控制点。Lin 等[9]设计了一种由政府机构执行的产品质量检查方法，根据披露的产品质量信息，求出质量和检验力度的均衡解，有助于发现不合规的企业。Martinez 等[10]认为在食品供应链的不同环节上，私有规制和公共规制的结合能以较低的成本提高食品质量安全的水平，实现稀缺规制资源的有效配置。古川等[11]应用“委托－代理”理论进行博弈分析，得出在质量可追溯情况下，通过增加企业质量控制的技术投入，加强各环节检测的强度，加大对不合格产品的处罚力度，以价格激励高质量的农产品，可以提升各环节对产品质量的控制力度。

近年来，国外学术界形成了专门研究食品安全风险治理的交叉学科。Williams 等[12]采用了社会学、心理学中风险认知的研究成果，结合传播学和政治学等领域的理论来研究食品安全的风险课题。Katleen 等[13]等利用统计方法得出消费者的风险认知水平，并且对食品安全信息的信任度如何影响食品购买意图进行了解释。而我国在食品安全风险治理研究方面还较为薄弱，如何使公众感到可靠和值得信任的食品安全风险控制模式是当前我国亟待解决的问题。[14]李想[15]阐述了食品安全的信任品特征，通过引入质量缺陷在重复购买前可能被曝光这一因素，研究了食品安全型信任品的质量信号显示问题，得到了分离均衡以及可能并存的混同均衡的实现条件。洪巍等[16]认为食品安全网络舆情对于食品安全管理具有重要意义，文章结果表明通过整合信息发布节点、加强食品安全知识宣传与培训、能够有效提高公众的食品安全信息甄别能力，并提升真实信息在舆情中的传播概率。

综上所述，关于食品安全风险因素的来源、形成以及风险水平等研究，大多数采用定性分析所得出的结论往往存在一定的主观性。所以，本文在结合公共规制和私有规制的基础上，通过建立博弈模型定量研究产品声誉对食品制造企业的产品质量和销售价格，以及政府检测准确性和奖惩力度的影响，为探索食品安全风险治理提供了一种新的思路。

三　模型构建

本文考虑一个政府监管部门、食品制造企业和顾客的三层供应链模型。首先，食品制造企业将产品交由政府监管部门抽检，政府部门将根据检测出的产品质量对企业进行奖励或者惩罚，并将检测结果公之于众。其次，食品制造企业会根据之前的声誉、检测的结果预测市场需求，制定产品售价。最后，顾客则会根据检测出的产品质量、产品售价对产品声誉进行评价，并公开当期声誉信息。本文的决策流程如图 1 所示。

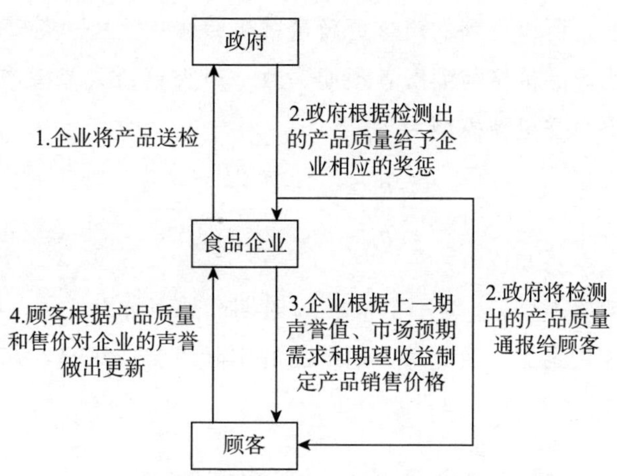

图 1　考虑产品声誉后的食品供应链决策流程

（一）声誉更新模型

顾客通过观察政府对食品质量的检测报告和产品销售价格，能够得到该产品在市场上的声誉情况，而声誉信息能够在每一个交易周期末被公开，即顾客和商家都能看见。每一期的声誉值都在上一期声誉值的基础上进行更新。

产品的真实质量为 q_t ，$q_t \in (0,1)$ 。政府检测出的产品质量为 $\lambda \cdot q_t$ ，$\lambda \in (1-\eta,1+\eta)$ 。λ 是政府检验产品质量的系数，η 是检验产品质量的波动区间。已知影响产品声誉的因素分为两部分，一个是政府检测出的产品质量与最低的质量合格标准 L 之间的差距，另一个是该产品 t 时期的售价 p_t 和消费者心理价格 $\bar{p}$ 之间的差距。$\bar{p}$ 也是消费者对产品的期望价格，该产品制造商只有在交易周期末才能得知该产品的期望价格。[17] 所以，我们可以得到声誉的更新值为

$$\Delta = \alpha \cdot \frac{\lambda \cdot q_t - L}{L} - (1-\alpha)\left(\frac{|\bar{p} - p_t|}{\bar{p}}\right) \tag{1}$$

式中，α 为敏感因子，α 的值越大代表顾客对产品质量越敏感，反之表示顾客对产品价格更敏感。当售价偏离消费者心理价格越多时，消费者会怀疑产品价格虚高，或者是产品偷工减料导致售价偏低，所以得到的声誉更新量减少更快；当售价距离消费者心理价格越近时，说明产品价格更贴近消费者心理预期，所以得到的声誉更新量减少缓慢；当售价等于消费者心理价格时，说明产品价格与消费者预期一致，声誉更新只考虑产品质量的影响。我们做出声誉更新模型为

$$\begin{cases} R_0 = c_0 \\ R_t = R_{t-1}(1+\Delta) \end{cases} \tag{2}$$

其中，R_0 为初始声誉，c_0 为一个常量，t 时期产品声誉为 $R_t \in (0,1)$ ，由于声誉是由顾客决定的，因此每一期产品的实际声誉应该是在产品价格确定之后再被知晓。[18]

（二）市场需求和食品企业的利润模型

食品制造商生产质量为 q_t 的产品的生产总成本（包含技术成本和材料成本）为 $\frac{r}{2} \cdot q_t^{\ 2} + v \cdot q_t + c$ 。其中，r 表示不同制造商生产效率的差异，v 和 c 代表单位产品生产成本与产品质量，且两者呈线性关系。[19] 如果仅考虑市场对产品的线性需求情况，那么每期市场需求量为

$$D_t(p_t, R_{t-1}) = D - E \cdot p_t + F \cdot R_{t-1} \tag{3}$$

其中，D 表示整体市场需求基数，反映整个市场的顾客内在需求。E 和 F 为顾客需求反应系数，E 代表产品价格对顾客的吸引力，F 代表产品声誉对顾客的吸引力。t 时期的需求量计算采用 R_{t-1} 而不用 R_t，是因为当制造商还未卖出产品之前，并不知道顾客对当期产品声誉的评价情况，所以只能采用前一期声誉来代替。

假设制造商的产能能够完全满足市场需求，从而可以得到制造商利润为

$$\prod_M = \begin{cases} D_t(p_t, R_{t-1}) \cdot \left[p_t - \left(\dfrac{r}{2} \cdot q_t^{\ 2} + v \cdot q_t + c\right)\right] + J_1 \Leftrightarrow \lambda \cdot q_t \in (H, 1) \\ D_t(p_t, R_{t-1}) \cdot \left[p_t - \left(\dfrac{r}{2} \cdot q_t^{\ 2} + v \cdot q_t + c\right)\right] \Leftrightarrow \lambda \cdot q_t \in (L, H) \\ D_t(p_t, R_{t-1}) \cdot \left[p_t - \left(\dfrac{r}{2} \cdot q_t^{\ 2} + v \cdot q_t + c\right)\right] + J_2 \Leftrightarrow \lambda \cdot q_t \in (0, L) \end{cases} \tag{4}$$

其中，$J_1 = Re \cdot D_t(p_t, R_{t-1}) \cdot p_t$，$J_2 = (-Pu) \cdot D_t(p_t, R_{t-1}) \cdot p_t$。这里的 Re 为奖励力度，Pu 为惩罚力度，均为正值。L 为最低的质量合格标准，H 为优质品的最低标准。所以，J_1 表示当制造商每卖出一件优质产品时政府补贴 $Re \cdot p_t$，J_2 表示当制造商每卖出一件次品时政府惩罚 $(-Pu) \cdot p_t$。

四　模型性质推导

根据上述模型，本文对声誉、产品售价、政府奖惩力度和预期市场需求之间的关系展开研究，可以推导出以下结论。

性质 1. 产品售价 p_t 与前一期声誉 R_{t-1} 呈正相关

设置奖惩力度 $x \in (-Pu, 0, Re)$，我们可以将公式（4）简化为

$$\prod_M = D_t(p_t, R_{t-1}) \cdot \left[p_t - \left(\frac{r}{2} \cdot q_t^{\ 2} + v \cdot q_t + c\right)\right] + x \cdot D_t(p_t, R_{t-1}) \cdot p_t$$

$$\Rightarrow \prod_M = D_t(p_t, R_{t-1}) \cdot \left[(1 + x)p_t - \left(\frac{r}{2} \cdot q_t^{\ 2} + v \cdot q_t + c\right)\right]$$

令 $\dfrac{\partial \prod_M}{\partial\ p_t} = 0$，$\dfrac{\partial \prod_M}{\partial\ p_t} =$

$$-E \cdot \left[(1 + x)p_t - \left(\frac{r}{2} \cdot q_t^{\ 2} + v \cdot q_t + c\right)\right] + (-Ep_t + FR_{t-1})(1 + x) = 0$$

得到最优的产品售价为

$$p_t = \frac{(1+x)FR_{t-1} + E\left(\frac{r}{2}\cdot q_t^{\ 2} + v\cdot q_t + c\right)}{2(1+x)E} = \frac{F\cdot R_{t-1}}{2\cdot E} + \frac{\left(\frac{r}{2}\cdot q_t^{\ 2} + v\cdot q_t + c\right)}{2\cdot(1+x)} \tag{5}$$

所以，从公式（5）得到产品售价 p_t 与前一期声誉 R_{t-1} 正相关，说明售价受到之前产品声誉的影响。

推论 1. 政府的奖惩力度与产品售价呈负相关

公式（5）对政府奖惩力度 x 求导，得到

$$\frac{\partial\ p_t}{\partial\ x} = \frac{-\left(\frac{r}{4}\cdot q_t^{\ 2} + \frac{v}{2}\cdot q_t + \frac{c}{2}\right)}{(1+x)^2}$$

因为 $\frac{\partial\ p_t}{\partial\ x}$ 恒为负数，所以随着政府奖惩力度 x 的升高，产品最优售价 p_t 会逐渐降低。说明一方面由于政府的补贴，食品企业为了扩大市场需求，产品最优的售价会有降低的趋势；另一方面由于政府对次品的惩罚，食品企业怕被淘汰出市场，所以产品最优的售价也会有降低的趋势。

推论 2. 制造商预期市场需求量与上期声誉 R_{t-1} 呈正相关

将公式（5）$p_t = \frac{F\cdot R_{t-1}}{2\cdot E} + \frac{(\frac{r}{2}\cdot q_t^{\ 2} + v\cdot q_t + c)}{2\cdot(1+x)}$ 代入公式（3）可以推出市场预期需求量为

$$D_t(p_t, R_{t-1}) = D - \frac{(1+x)\cdot F\cdot R_{t-1} + E\cdot(\frac{r}{2}\cdot q_t^{\ 2} + v\cdot q_t + c)}{2(1+x)} + F\cdot R_{t-1} \tag{6}$$

从公式（6）可以得出制造商预期市场需求量与上期声誉 R_{t-1} 之间也呈正相关。说明市场需求也受到产品前期声誉的影响。

结论 1. 政府的奖惩力度对当期声誉 R_t 的影响

已知公式（2）$R_t = R_{t-1}\cdot\left[1 + \alpha\cdot\frac{\lambda\cdot q_t - L}{L} - (1-\alpha)\frac{|\bar{p} - p_t|}{\bar{p}}\right]$，将公式（5）代入公式（2），可以推出当期的最优声誉值为

$$R_t = R_{t-1} \cdot \left[1 + \alpha \cdot \frac{\lambda \cdot q_t - L}{L} - (1-\alpha) \cdot \frac{\left| \bar{p} - \frac{(1+x) \cdot F \cdot R_{t-1} + E \cdot \left(\frac{r}{2} \cdot q_t{}^2 + v \cdot q_t + c \right)}{2(1+x) \cdot E} \right|}{\bar{p}} \right]$$

当 $\bar{p} > p_t$ 时，由推论 1，我们知道随着政府奖励和惩罚力度 x 的升高，产品最优售价 p_t 逐渐降低，从而 $\frac{\bar{p} - p_t}{\bar{p}}$ 逐渐升高，声誉 R_t 逐渐降低。

当 $\bar{p} < p_t$ 时，由推论 1，我们知道随着政府奖励和惩罚力度 x 的降低，产品最优售价 p_t 逐渐升高，从而 $\frac{p_t - \bar{p}}{\bar{p}}$ 逐渐降低，声誉 R_t 逐渐升高。

说明随着政府奖励和惩罚力度的提高，政府监管力度的加大，如果市场不暴发食品安全问题，消费者默认产品价格与产品质量相符合。所以当产品售价低于消费者心理价格时，声誉降低。而当产品售价高于消费者心理价格时，声誉反而升高。

五　仿真结果与分析

由于上文中得到的均衡解的表达式非常复杂或者没有解析表达式，本节将通过仿真实验来分析产品声誉对食品制造企业的定价行为，以及政府奖惩机制的影响。具体的仿真实验如下：首先，验证声誉更新模型设计的合理性，得到最优的参数。通过实验 1 研究敏感因子对声誉更新的影响，通过实验 2 研究政府检验出产品质量的准确性对声誉更新的影响。其次，研究声誉对企业行为的影响。通过实验 3 研究声誉和产品性价比之间的关系，通过实验 4 研究前期声誉对当期企业定价和利润的影响。最后，研究政府奖惩机制与企业声誉的相互作用。通过实验 5 研究当政府采用不同的奖惩机制时前期声誉对企业利润的影响，通过实验 6 研究当政府采用不同的奖惩机制时产品质量对企业声誉的影响。

具体的参数设置如下：q_t 服从正态分布 N（μ，σ^2），μ 和 σ 均由外生给定，在仿真过程中我们用的是标准质量，所以设置 $\mu = 0.5$ 和 $\sigma^2 = 0.004$。由于产品质量不能为负，故采用算法将负值变正，标准质量不可能大于 1，故采用算法将大于 1 的质量设置为 1。与价格有关的市场需求系数

为 $E=10$，与声誉有关的市场需求系数 $F=1000$，商品进入市场的初始声誉值 $R_0=0.5$。设置制造商运作效率为 $r=0.3$，生产单位产品的波动成本为 $v=0.06$，生产单位产品的固定成本为 $c=10$，消费者的心理价格为 $\bar{p}=15$。质量合格的最低标准 $L=0.25$，优质品标准 $H=0.75$。

实验 1：敏感因子 α 和产品质量 q_t 对声誉比 R_t/R_{t-1} 的影响

图 2 是在 $p=18$，$\lambda=1$ 的情况下，敏感因子、产品质量和声誉比之间的关系图，其中 *alpha* 即是敏感因子 α。由图 2 可知，当 α 趋近于 0.56 时，产品质量 q_t 的变化对声誉比 R_t/R_{t-1} 的影响最大（对应直线的斜率最大）。并且，声誉比总是大于 1，说明此时随着产品质量的升高，声誉也会逐渐升高。所以，下面的实验都将采用敏感因子的最优值 $\alpha=0.56$。

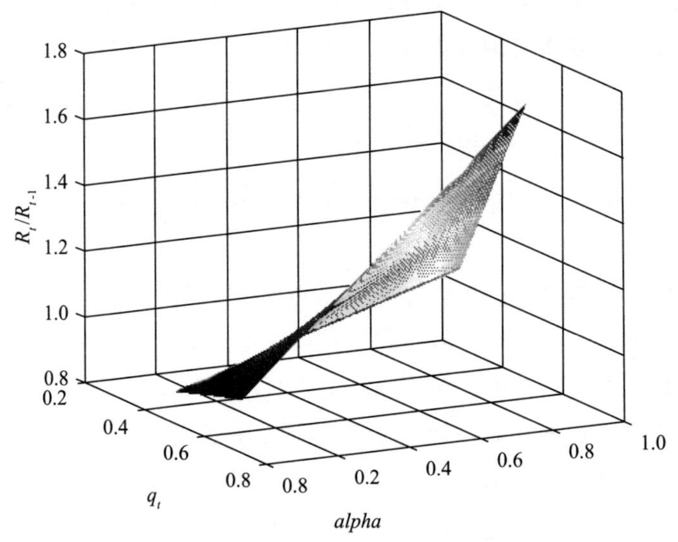

图 2　敏感因子、产品质量和声誉比的关系

实验 2：政府检验产品质量的系数 λ 和产品质量 q_t 对声誉比 R_t/R_{t-1} 的影响

图 3 是在 $p=18$，$\alpha=0.56$ 的情况下，政府检验产品质量的系数、产品质量和声誉比之间的关系图，其中 *lambda* 即是政府检验产品质量的系数 λ。由图 3 可知，在质量一定的情况下，政府检验产品质量的系数 λ 和声誉比 R_t/R_{t-1} 呈正相关。当 λ 大于 0.5 时，声誉比总是大于 1 的，并且随着政府检验产品质量的系数提升，声誉的增长速度会加快。反之，声誉减少

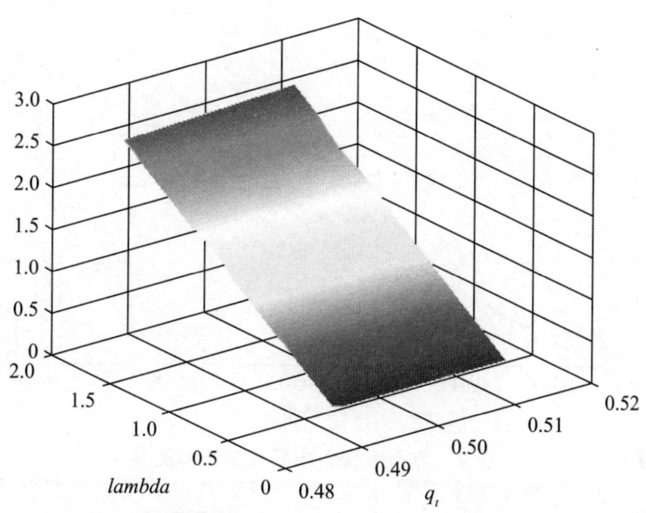

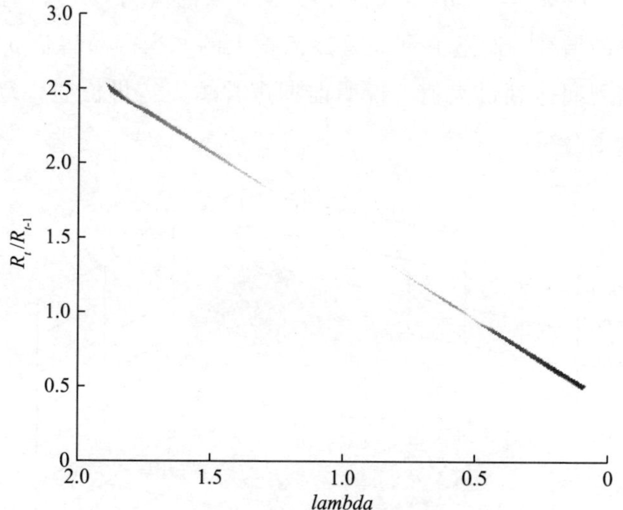

图 3　政府检验产品质量的系数、产品质量和声誉比的关系

得更快。所以，制造商总是希望 λ 越大越好。然而，λ 也可以理解为政府检测出实际产品质量的准确率，所以 λ 的取值应该越接近于 1 越好。

实验 3：产品性价比 q_t/p_t 对声誉 R_t 的影响

当 $\alpha = 0.56$，$\lambda = 1$ 的时候，我们得到产品的性价比和声誉的关系如图 4 所示，随着产品性价比的不断升高，产品的声誉也是逐渐升高的，这也比较符合人们的日常感知。

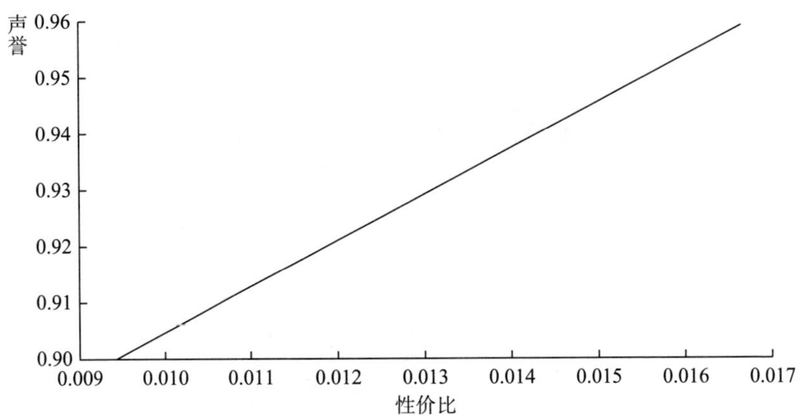

图 4 前期声誉和产品性价比的关系

实验 4：前期声誉 R_{t-1} 和售价 p_t 对利润 $\prod_M$ 的影响

在 $\alpha = 0.56$，$\lambda = 1$，$Re = 0.2$，$Pu = 0.8$ 的情况下，可以得到图 5，随着前期声誉的增高，制造商利润是逐渐增大的。当产品售价 p_t 在 30 左右时，制造商利润达到最大值。说明前期声誉越高，售价变化范围越大，制造商的利润也会越多。

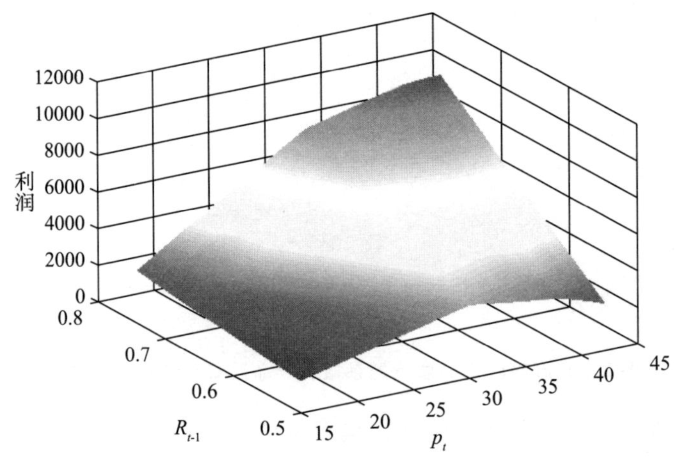

图 5 前期声誉、售价和利润的关系

实验 5：当政府采用不同的奖惩机制时，前期声誉 R_{t-1} 对利润 $\prod_M$ 的影响

设置奖励力度参数 $Re = 0.2$，惩罚力度参数 $Pu = 0.8$。因为这种低奖励、高惩罚的奖惩机制，比较符合实际情况。由图 6 可知，当政府根据检验出的质量对制造商进行奖励的时候，制造商得到更多的利润（相较于不奖励、不惩罚），并且随着前期声誉的增加，当期得到的利润是逐渐升高的。而当政府对制造商采取惩罚的时候，制造商得到的利润是负的，说明政府的严加惩罚会使企业亏损。并且前期声誉越高，当期亏损越大。这是因为前期声誉和销售量相关，前期声誉越高，本期销售量越高，而奖惩又是和销售量有关，销售量越多，惩罚的就越多。所以当存在政府奖惩机制的情况下，前期声誉对企业当期利润有很大的影响。

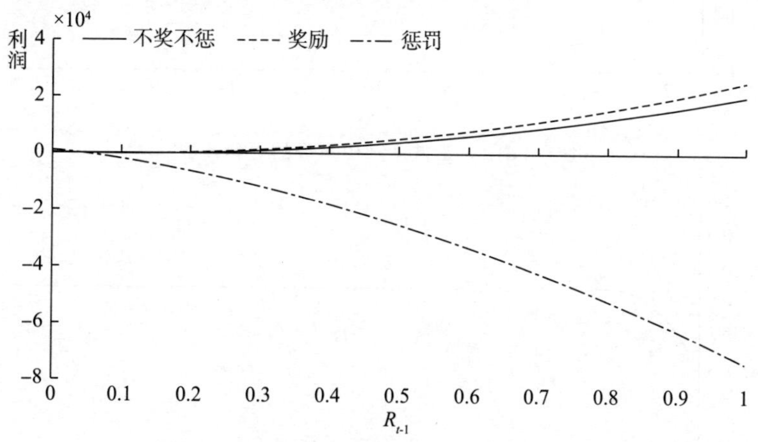

图 6　当政府采用不同的奖惩机制时，前期声誉和利润的关系

实验 6：当政府采用不同的奖惩机制时，产品质量对声誉的影响

情况 1：正常生产中声誉的更新情况

在 $\alpha = 0.56$，$\lambda = 1$，$Re = 0.2$，$Pu = 0.8$ 的情况下，政府对产品质量有准确的检测结果，同时通过奖惩机制对食品制造企业进行严格监管。可以得到图 7（a），制造商的声誉在前几个周期逐渐上升，之后便稳定在一个水平。并且，当 $\lambda = 1.1$ 时声誉的最高值大于 $\lambda = 0.9$ 时声誉的最高值，这说明当政府检出的产品质量高于产品的实际质量时，会使得制造商的声誉大大提高，制造商从中受益，但同时会损害顾客的利益。所以政府是否能检验出产品的正确质量对声誉的更新有非常大的影响。

情况 2：当出现产品质量高于 0.75 的时候，声誉值的更新情况

当制造商的声誉稳定以后，如果制造商再想通过提高产品的质量来提升自身的声誉，由图 7（b）可知，产品质量增加之后，制造商的声誉明显

提升，且产品质量回归正常之后，声誉相较之前也略有提升。

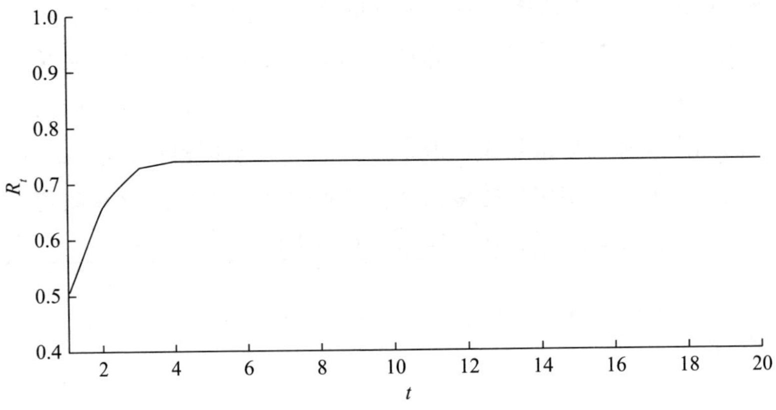

图 7（a）　正常生产中声誉的更新情况

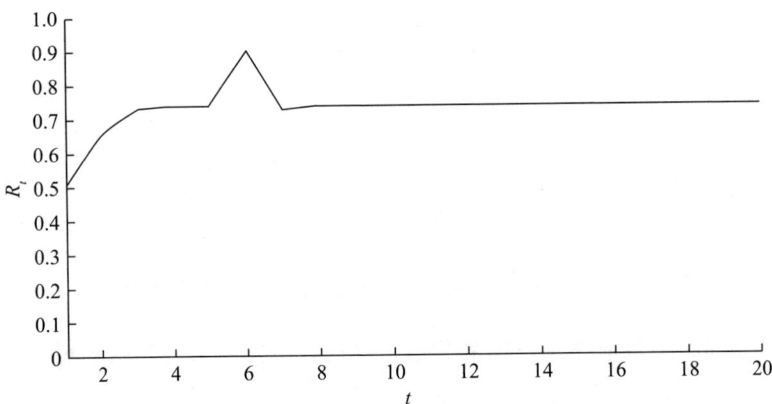

图 7（b）　当出现产品质量高于 0.75 的时候，声誉值的更新情况

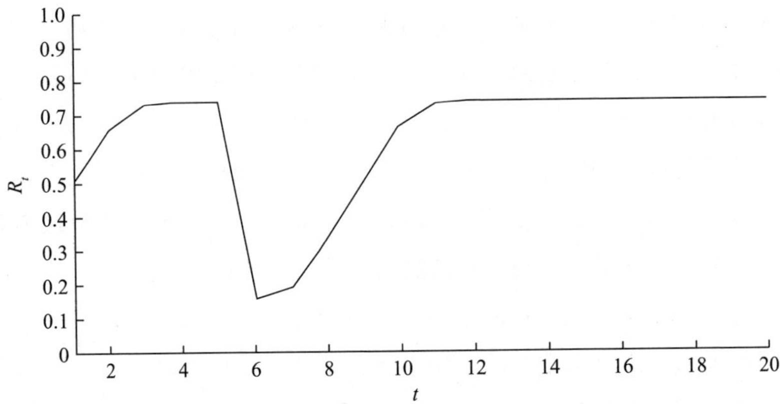

图 7（c）　当出现产品质量低于 0.25 的时候，声誉值的更新情况

情况 3：当出现产品质量低于 0.25 的时候，声誉值的更新情况

当制造商的声誉稳定以后，制造商再想通过降低自己产品的质量来提高自身的利润，该措施却会对制造商的声誉造成不好的影响。由图 7（c）可知，产品质量降低之后，制造商的声誉明显降低，且声誉修复过程比声誉增长过程更缓慢。当产品质量回归正常之后，声誉相较之前也略有降低。

六　结论

本文首先总结了之前两种食品安全风险治理机制的研究成果，包括政府制定食品安全管理制度的“公共规制”和食品制造企业自身质量契约的“私有规制”。其次在此基础上提出了一种协同规制模式，即政府检测食品制造企业的产品质量，根据检测结果对企业进行奖励或者惩罚，并将检测结果公开。而食品制造企业会根据之前的“口碑”，通过最大化期望收益给出其最优的产品定价策略。最后，顾客根据曝光的产品质量和售价，更新对该产品“口碑”的评估值。在本文中，我们将产品积累的“口碑”定义为声誉，主要研究声誉因素对食品制造企业的产品质量、销售价格、政府检测准确性和奖惩力度的影响。

本文通过模型分析发现产品售价与声誉呈正相关，与政府奖惩力度呈负相关。在声誉因素的影响下，政府提高检测产品质量的准确性，加大对食品制造企业的奖惩力度，能够有效控制产品质量，扩大企业定价决策范围，普遍提高企业利润。并且，本文通过仿真实验得到最优的敏感因子系数和政府检验产品质量的系数，验证了声誉与产品性价比呈正相关。最后，我们还得到了一系列管理启示：企业想通过偶尔提升产品质量来提高企业声誉，那么过程会比较缓慢，除非保持长期的产品质量提升。而就算产品前期积累的声誉再高，一旦出现食品质量安全问题，将会对企业声誉造成毁灭性的打击，并且由于政府的严格监管，企业收益也会快速下降，所以本文提出的协同治理机制对抑制食品制造企业的机会主义行为非常有效。

本文通过建立政府监管部门、食品制造企业和顾客的三层供应链模型，并引入声誉更新模型，为探索食品安全风险治理问题提供了一种新的

思路。但在现实情况下，食品制造企业还会受到同行业竞争、广告等因素的影响，声誉与这些变量之间的关系尚未做考虑，这都是未来的研究方向。

参考文献

[1] 刘为军、魏益民、潘家荣、赵清华、周乃元：《现阶段中国食品安全控制绩效的关键影响因素分析——基于 9 省（市）食品安全示范区的实证研究》，《商业研究》2008 年第 7 期。

[2] Van, Asselt, E. D., Meuwissen, M. P. M., "Election of Critical Factors for Identifying Emerging Food Safety Risks in Dynamic Food Production Chains," *Food Control*, 2010, 21 (6): 919 – 926.

[3] 肖静：《基于供应链的食品安全保障研究》，吉林大学博士学位论文，2009。

[4] 王晓东：《我国食品加工企业风险管理体系研究》，《改革与战略》2009 年第 6 期。

[5] 曹裕、俞传艳、万光羽：《政府参与下食品企业监管博弈研究》，《系统工程理论与实践》2017 年第 1 期。

[6] Starbird, S. A., "Supply Chain Contracts and Food Safety," *Choices*, 2005, 20 (2): 123 – 128.

[7] 张煜、汪寿阳：《食品供应链质量安全管理模式研究——三鹿奶粉事件案例分析》，《管理评论》2010 年第 10 期。

[8] 刘畅：《供应链主导企业食品安全控制行为研究》，中国农业大学硕士学位论文，2012。

[9] Lin, L, L, Yao, "Inspections and Information Disclosure: Quality Regulatoins with Incomplete Enforcment," *Frontiers of Economics in China*, 2014, 9 (2) : 240 – 260.

[10] Martinez, M. G., Fearnea, A., Caswell, J. A. et al., "Coregulation as a Possible Model for Food Safety Governance: Opportunities for Public Private Partnerships," *Food Policy*, 2007, 32 (3): 299 – 314.

[11] 古川、安玉发：《食品安全信息披露的博弈分析》，《经济与管理研究》2012 年第 1 期。

[12] Williams M. S., Ebel E. D., Vose D., "Framework for Microbial Food-Safety Risk Assessments Amenable to Bayesian Modeling," *Risk Analysis*, 2011, 31 (4): 548 – 565.

[13] Baert, F., Van Huffel, X., Wilmart, O. et al., "easuring the Safety of the Food Chain in Belgium: Development of a Barometer," *Food Research International*, 2011,

44 (4): 940 - 950.

[14] 杨坤、妥丰艳、马古玥、孙旭、张诗雨:《我国食品安全风险沟通模式现状及其对策研究》,《食品工业科技》2012 年第 5 期。

[15] 李想:《信任品质的一个信号显示模型: 以食品安全为例》,《世界经济文汇》2011 年第 1 期。

[16] 洪巍、李青、吴林海:《考虑信息真伪的食品安全网络舆情传播仿真与管理对策研究》,《系统工程理论与实践》2017 年第 12 期。

[17] Fu, X., Dong, M., Liu, S. X., Han, G. h., "Trust Based Decisions in Supply Chains with an Agent," *Decision Support Systems*, 2015, 82: 35 - 46.

[18] Fu X., Dong M., Han G. H., "Coordinating a Trust-embedded Two-tier Supply Chain by Options with Multiple Transaction Periods," *International Journal of Production Research*, 2017, 55 (7): 2068 - 2082.

[19] 鲁其辉、朱道立:《质量与价格竞争供应链的均衡与协调策略研究》,《管理科学学报》2009 年第 3 期。

我国食品进口贸易与质量安全现状研究*

吕煜昕　池海波**

摘　要：随着食品进口贸易的快速发展，进口食品已经成为我国居民食品消费的重要来源，在我国食品消费结构中具有越来越重要的作用。确保进口食品的质量安全，已经成为保障国内食品安全的重要组成部分。但目前学术界鲜有系统研究我国进口食品安全风险现状的文献报道。本文首先基于统计数据分析了我国食品进口贸易的基本特征。近年来，我国食品进口贸易的发展呈现出总量持续扩大、结构不断提升、市场结构整体保持相对稳定与逐步优化的基本特征，对调节国内食品供求关系、满足食品市场多样性等方面发挥了日益重要的作用。在此基础上，利用 SPSS 22.0 软件展开数据分析，详细探究了具有安全风险的进口食品的基本特征，包括 2018 年进口食品的不合格批次创 2009 年以来新低，进口不合格食品来源地相对比较集中且来源地数量在 2018 年呈现缩减趋势，滥用食品添加剂、品质不合格、标签不合格、证书不合格、微生物污染是导致进口食品不合格的主要原因。最后，针对进口食品安全存在的质量安全问题，提出防范进口食品安全风险的对策建议，要建立与大国形象相匹配的进口食品安全监管方式，实施精准的口岸监管，推进口岸检验与后续监管的无缝对接，建立具有中国特色的进口食品技术性贸易措施，完善食品安全国际共治

* 本文是浙江省社科联研究课题重点项目“基于风险分级的浙江省食品安全监管重点研究”（编号：2018Z05）的阶段性研究成果。

** 吕煜昕，浙江大学舟山海洋研究中心研究人员，主要从事食品安全管理等方面的研究；池海波，浙江海洋大学食品与医药学院教师，本文通讯作者，主要从事食品质量安全等方面的研究。

格局。

关键词： 食品安全　进口贸易　安全风险　国际共治

一　引言

改革开放40年来，我国开放的大门逐渐打开，并逐渐成为全球重要的食品贸易大国，尤其是2001年加入世界贸易组织后，我国食品进口贸易快速发展，分别于2011年和2013年成为全球最大的食用农产品进口市场和食品进口市场。[1] 2018年11月，在上海举办的首届中国国际进口博览会（China International Import Expo，CIIE）上，食品及农产品展区成为参与国家数量和企业数量最多的展区，来自100多个国家和地区的1000余家企业参展，展区面积达6万平方米，足见我国市场对国外食品的吸引力。[2] 近年来，进口食品贸易量占国内食品消费总量的比重基本维持在10%以上。[3] 由此可见，进口食品已经成为我国居民食品消费的重要来源，在我国食品消费结构中具有越来越重要的作用。然而，随着食品进口贸易量的不断增加，不合格进口食品的数量也呈现逐年上升的趋势，进口食品安全事件时有发生，对我国居民的食品消费安全构成潜在威胁。确保进口食品的质量安全，已经成为保障国内食品安全的重要组成部分。

进口食品的质量安全问题引起了学术界的广泛关注。很多学者研究了我国进口食品安全监管存在的问题，如刘吉念分析了我国进口食品安全法律现状，认为我国进口食品安全监管的法律法规存在监管职权不明确、监管制度不够细化以及监管标准与国际标准有差距等问题；[4] 费威和朱玉则将我国进口食品安全监管体制与美国、日本、德国等国家进行比较，发现我国进口食品安全监管体制存在一定的不足。[5] 我国进口食品的质量安全风险也是学者们关注的重点，部分学者研究了具体某种进口食品的质量安全风险，如容慧等分析了我国进口预包装食品标签存在的问题，[6] 赵海军等研究了进口冰鲜水产品存在的主要食品安全风险，[7] 游达则重点探究了进口海鲜中存在的重金属超标问题，[8] 王蕾等统计分析了导致我国进口乳制品不合格的主要原因，[9] 张凤明对进口水果存在的质量安全风险展开了深入分析。[10] 也有学者研究了某一地区进口食品的质量安全风险，如曾杰文等对广西北部湾某口岸 2015 ~2017 年共计 16 种类别、1038 批次进口食品进行了抽样检验及统计分析，[11] 马钟鸣等对“十二五”时期上海口岸的进口食品不合格情况进行了分类汇总，[12] 魏虹等对 2014 ~2016 年首都机场口岸食品进口情况进行了深入研究，[13] 韦凯和李永林则研究了凭祥口岸进口预包装食品的质量安全风险现状。[14] 此外，黄鹏峰采用案例分析的方法对我国进口食品安全现状进行了简要分析。[15]

由此可见，虽然学者们对进口食品安全问题，尤其是进口食品安全风险进行了广泛的研究，但已有的研究要么聚焦于某种进口食品的某一风险或主要风险，要么专注于某一地区进口食品的质量安全风险，鲜有全面系统研究我国进口食品质量安全风险的文献报道。而仅有的关于我国进口食品安全风险的研究，也只是采用案例分析的方法进行简单分析，尚未采用统计数据进行科学全面的研究。基于此，本文采用 SPSS 22.0 软件系统分析我国进口食品不合格数据，在阐述进口食品数量变化的基础上，重点考察近年来我国进口食品的质量安全状况，并提出强化进口食品质量安全性的对策建议。

二　食品进口贸易的基本特征

改革开放以来，特别是 20 世纪 90 年代以来，我国食品进口贸易的发展呈现出总量持续扩大、结构不断提升、市场结构整体保持相对稳定与逐步优化的基本特征，对调节国内食品供求关系、满足食品市场多样性等方面发挥了日益重要的作用。[16] 本部分在分析近年来我国食品进口贸易发展变化的基础上，重点研究 2018 年我国食品进口贸易的基本特征。

（一）进口食品的总体规模

如图 1 所示，2008 年，我国食品进口贸易规模为 226.3 亿美元，受当时全球金融危机的影响，2009 年的进口贸易额下降到 204.8 亿美元，下降了 9.50%。之后，食品进口贸易总额总体上一直保持强势增长，尤其是 2011 年和 2012 年分别突破 300 亿美元和 400 亿美元关口，分别达到 368.9 亿美元和 450.7 亿美元。2013 年，我国食品进口贸易额增长到 489.2 亿美元，并由此成为全球第一大食品进口市场。[1]2014 年和 2017 年，我国食品进口贸易总额又分别突破 500 亿美元和 600 亿美元关口，分别达到 514.3 亿美元和 616.8 亿美元。2018 年，我国食品进口贸易规模在高基数上继续实现新增长，贸易总额达到 736.1 亿美元，首次突破 700 亿美元关口，较 2017 年大幅增长 19.34%，再创历史新高。2008 ~ 2018 年，我国食品进口贸易总额累计增长 225.28%，年均增速高达 12.52%。图 1 显示，2008 ~ 2018 年除个别年份有所波动外，我国食品进口贸易规模整体呈现出平稳较快增长的特征。

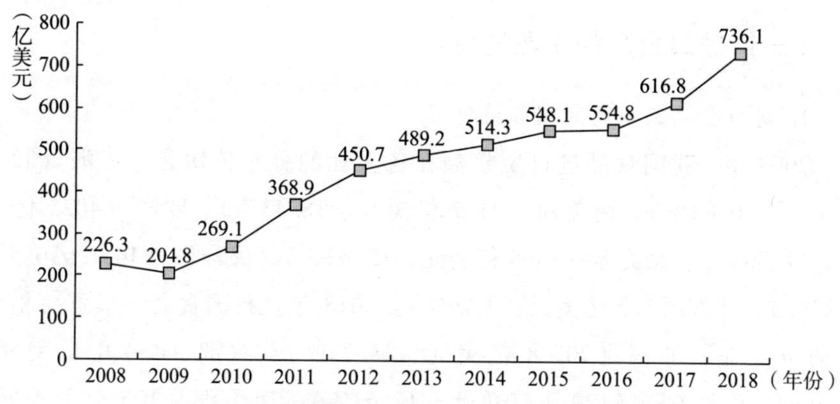

图 1　2008 ~ 2018 年我国食品进口贸易总额变化

资料来源：商务部对外贸易司：2008 ~ 2018 年中国进出口月度统计报告。

（二）进口食品的品种结构

目前，我国进口食品的品种几乎涵盖了全球各类质优价廉的食品，进口种类十分齐全。[17]但值得关注的一个态势是，随着国内食品需求结构的升级、人们消费观念的改变，我国进口食品的重点种类正在逐渐发生改变，主要表现在乳品、蛋品、蜂蜜及其他食用动物产品，蔬菜、水果、坚果及制品，肉及制品，水产及制品等进口贸易额持续增长，2008 ~ 2018 年分别累计增长了 11.63 倍、4.72 倍、3.76 倍和 2.20 倍，而动植物油脂及分解产品、谷物及制品的进口贸易额则逐步呈现下降趋势，其中动植物油脂及分解产品在 2008 ~ 2018 年的进口贸易额累计下降 20.25%，谷物及制品的进口贸易额仅在 2015 ~ 2018 年就下降了 30.99%。根据商务部发布的数据，2018 年我国进口食品的主要类别为蔬菜、水果、坚果及制品，水产及制品，肉及制品，分别为 121.2 亿美元、119.4 亿美元、110.9 亿美元，分别占进口食品贸易总额的 16.47%、16.22%、15.07%，三类进口食品规模占全部食品进口贸易额的比例之和为 47.76%，接近食品进口贸易额的半壁江山。[18]受国内食品产业结构及消费需求变化影响，预计未来我国对动植物油脂及分解产品的进口规模会进一步下降，对乳品、蛋品、蜂蜜及其他食用动物产品，蔬菜、水果、坚果及制品，水产及制品等食品种类的需求还将进一步上扬。

（三）进口食品的来源地特征

1. 进口食品来源地的洲际特征

2008 年，我国食品进口贸易额在各大洲的分布依次是，亚洲（92.4 亿美元、40.83%）、南美洲（41.7 亿美元、18.43%）、欧洲（40.5 亿美元、17.90%）、北美洲（35.8 亿美元、15.82%）、大洋洲（14.1 亿美元、6.23%）、非洲（1.8 亿美元、0.79%）。2018 年，我国食品进口贸易相对应的分布是，亚洲（207.8 亿美元、28.23%）、欧洲（184.0 亿美元、25.00%）、大洋洲（129.8 亿美元、17.63%）、南美洲（106.4 亿美元、14.45%）、北美洲（98.9 亿美元、13.44%）、非洲（9.2 亿美元、1.25%）。[18]亚洲一直是我国食品进口贸易的第一大来源地，但占食品进口贸易总额的比重出现明显下降；欧洲于 2009 年超越南美洲成为我国食品进口贸易的第二大来源地，除 2012 年外，其第二大进口食品来源地的地位逐步稳固，并有赶超亚洲的趋势；北美洲曾持续位列第三位，但在 2017 年被大洋洲赶超，2018 年又被南美洲赶超，目前位列第五位；大洋洲在近年来迅速追赶，目前稳居第三位；南美洲所占的比重则呈现下降趋势，但进口额在 2018 年猛增 46.96%，超过北美洲位列第四位；非洲所占的比重一直很低，几乎可以忽略不计。

2. 进口食品来源地的地区特征

2018 年，我国进口食品来源地的主要地区是共建“一带一路”沿线国家、东盟、欧盟和拉美地区，上述地区的食品进口贸易额均超过 100 亿美元，且较 2017 年均实现了较大幅度的增长，尤其是从拉美地区、共建

“一带一路”沿线国家的进口贸易额分别增长了46.96%和23.10%。此外，2018年，我国从独联体国家进口食品的规模为42.4亿美元，较2017年增长39.93%；南非关税区、中东国家、中东欧国家、海合会在我国食品进口贸易中的市场份额则相对较小，所占比例均低于1%（见表1）。

表1　2017年与2018年我国进口食品地区分布变化比较

单位：亿美元，%

地区分布	2017年		2018年		2018年比2017年增减
	进口金额	比重	进口金额	比重	
共建“一带一路”沿线国家	178.8	28.99	220.1	29.90	23.10
东盟	134.2	21.76	156.9	21.32	16.92
欧盟	121.6	19.71	133.2	18.10	9.54
拉美地区	72.4	11.74	106.4	14.45	46.96
独联体国家	30.3	4.91	42.4	5.76	39.93
南非关税区	3.4	0.55	5.2	0.71	52.94
中东国家	4.3	0.70	4.2	0.57	-2.33
中东欧国家	2.9	0.47	3.1	0.42	6.90
海合会	0.2	0.03	0.3	0.04	50.00

资料来源：商务部对外贸易司：2017~2018年中国进出口月度统计报告。

3. 进口食品来源地的国家特征

2008年，我国食品进口贸易的主要国家是，美国（27.2亿美元、12.02%）、印度尼西亚（23.2亿美元、10.25%）、法国（11.4亿美元、5.04%）、巴西（10.4亿美元、4.60%）、泰国（8.4亿美元、3.71%）、加拿大（8.2亿美元、3.62%）、澳大利亚（7.7亿美元、3.40%）、新西兰（6.3亿美元、2.78%），从上述八个国家进口的食品贸易总额达到102.8亿美元，占当年食品进口贸易总额的45.42%。2018年，我国食品主要进口国家则分别是，新西兰（64.5亿美元，8.76%）、澳大利亚（64.2亿美元，8.72%）、美国（55.9亿美元，7.59%）、印度尼西亚（47.5亿美元，6.45%）、泰国（43.3亿美元，5.88%）、加拿大（40.7亿美元，5.53%）、法国（36.9亿美元，5.01%）、巴西（34.2亿美元，4.65%），从以上八个国家进口的食品贸易总额为387.2亿美元，占当年食品进口贸易总额的52.59%。[18]由此可见，近年来我国食品主要进口国家基本稳定，且进口食品的来源地呈集中的趋势。

然而，我国主要食品进口国家的贸易额波动较大，主要食品进口国家的排名多次发生改变。2008 ~2018 年，美国一直稳居我国第一大进口食品来源国，但在 2018 年被新西兰和澳大利亚超越，位列第三位。新西兰、澳大利亚的进口额增长迅猛，所占比重大幅提升，尤其是新西兰，在 2013 年、2014 年和 2016 年均是我国第二大进口食品来源国，2018 年更是成为我国第一大食品进口国，澳大利亚则在 2018 年位列第二位，进口食品贸易额与新西兰仅差 0.3 亿美元。其他国家中，除泰国、加拿大的市场份额出现一定上升外，法国、印度尼西亚、巴西对我国食品出口的市场份额则出现了一定的缩减。

三　具有安全风险的进口食品的基本特征

经过改革开放 40 年的发展，我国已成为进口食品贸易总额排名世界第一的大国。虽然进口食品质量安全总体情况一直保持稳定，没有发生过重大进口食品质量安全事件，但随着食品进口贸易量的大幅攀升，其质量安全的形势日益严峻。从保障食品消费安全的全局出发，基于全球食品的安全视角，分析研究具有安全风险的进口食品的基本状况，并由此加强食品安全的国际共治就显得尤其重要。

（一）进口不合格食品的批次

伴随着进口食品的大量涌入，近年来被我国出入境检验检疫机构检出的不合格食品的批次和数量整体呈现上升趋势。2009 年，我国进口食品的不合格批次为 1543 批次，2010 ~2012 年分别增长到 1753 批次、1857 批次和 2499 批次。虽然 2013 年进口食品的不合格批次下降到 2164 批次，但在 2014 年迅速上扬为 3503 批次。2015 ~2016 年的不合格批次分别为 2805 批次和 3042 批次，保持相对稳定。然而，2017 年的进口食品不合格批次又迅猛增长到 6631 批次的历史最高水平，是 2008 年的 4.30 倍。2018 年，全国海关部门检出不符合我国食品安全国家标准和法律法规要求的进口食品共 1351 批次，较 2017 年大幅下降 79.63%，创 2009 年以来新低（见图 2）。

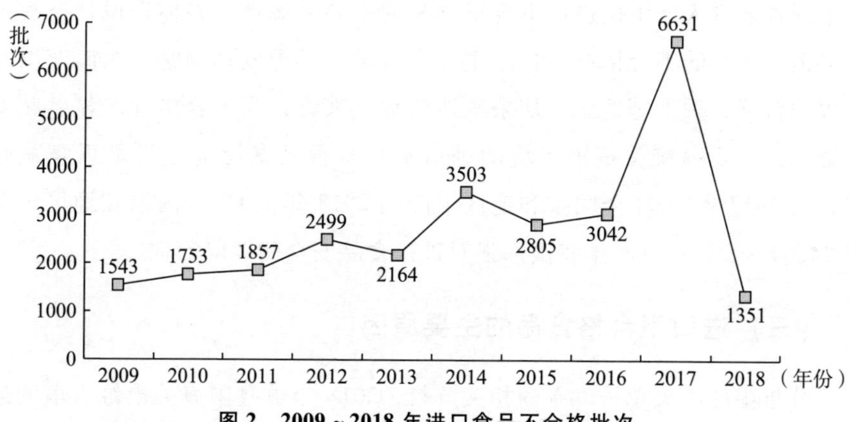

图 2　2009～2018 年进口食品不合格批次

资料来源：中国海关总署：2009～2018 年进境不合格食品、化妆品信息，并由作者整理计算所得。

（二）进口不合格食品的主要来源地

据中国海关总署发布的相关资料，2017 年因不合格而被我国海关拒绝入境的进口食品批次最多的前十位来源地分别是，日本（909 批次，13.71%）、中国台湾（698 批次，10.53%）、美国（525 批次，7.92%）、韩国（399 批次，6.02%）、澳大利亚（306 批次，4.61%）、法国（303 批次，4.57%）、英国（293 批次，4.42%）、意大利（279 批次，4.21%）、德国（269 批次，4.06%）、中国香港（235 批次，3.54%）。上述 10 个国家和地区不合格进口食品合计为 4216 批次，占全部不合格 6631 批次食品的 63.58%。2018 年因不合格而被我国海关拒绝入境的进口食品批次最多的前十位来源地分别是，中国台湾（151 批次，11.18%）、美国（149 批次，11.03%）、意大利（145 批次，10.73%）、日本（116 批次，8.59%）、越南（73 批次，5.40%）、法国（71 批次，5.26%）、澳大利亚（69 批次，5.11%）、泰国（57 批次，4.22%）、德国（49 批次，3.63%）、韩国（46 批次，3.40%）。上述 10 个国家和地区不合格进口食品合计为 926 批次，占全部不合格 1351 批次的 68.54%。[19] 可见，我国主要的进口不合格食品来源地相对比较集中且近年来变化不大。

从进口不合格食品来源地来看，2018 年中国台湾超越日本成为进口不合格食品的第一大来源地，日本所占比重下降明显，越南和泰国超过英国和中国香港进入前十位进口不合格食品的主要来源地。整体来说，被我国海关拒绝入境的不合格进口食品主要来自美欧日等发达国家、东南亚以及我国的台湾、香港等地区。从来源地的数量来看，受不合格批次显著减少的影响，被我国海关拒绝入境的进口不合格食品来源地数量呈现缩减趋势，由 2017 年的 94 个国家和地区下降到 2018 年的 62 个国家和地区，下降 34.04%，[19]这有利于我国加强对进口食品安全的风险治理。

（三）进口不合格食品的主要原因

分析中国海关总署发布的相关资料，2018 年被我国海关拒绝入境的进口食品不合格的主要原因依次是滥用食品添加剂、品质不合格、标签不合格、证书不合格、微生物污染、货证不符、未获准入许可、包装不合格、携带有害生物、重金属超标、检出有毒有害物质、含有违禁药物、感官检验不合格、农兽药残留超标等。其中，滥用食品添加剂、微生物污染是影响进口食品安全风险的主要安全卫生问题，占检出不合格进口食品总批次的 29.98%；在进口食品安全风险的非安全卫生问题中，品质不合格、标签不合格、证书不合格、货证不符则是主要问题，占检出不合格进口食品总批次的 56.48%（见表 2）。

表 2　2017～2018 年被我国海关拒绝入境的不合格进口食品的主要原因分类

单位：批次，%

2018 年进口食品不合格原因	批次	占比	2017 年进口食品不合格原因	批次	占比
滥用食品添加剂	301	22.28	品质不合格	1518	22.89
品质不合格	258	19.10	证书不合格	1278	19.27
标签不合格	256	18.95	超过保质期	1149	17.33
证书不合格	187	13.84	标签不合格	1065	16.06
微生物污染	104	7.70	滥用食品添加剂	968	14.60
货证不符	62	4.59	微生物污染	455	6.86
未获准入许可	61	4.52	包装不合格	422	6.36
包装不合格	42	3.11	未获准入许可	345	5.20
携带有害生物	36	2.66	货证不符	302	4.55
重金属超标	22	1.63	感官检验不合格	133	2.01

续表

2018 年进口食品不合格原因	批次	占比	2017 年进口食品不合格原因	批次	占比
检出有毒有害物质	14	1.04	重金属超标	114	1.72
含有违禁药物	5	0.37	主动召回	70	1.06
感官检验不合格	2	0.14	携带有害生物	48	0.72
农兽药残留超标	1	0.07	检出有毒有害物质	28	0.42
			含有违禁药物	27	0.41
			含有违规转基因成分	21	0.32
			农兽药残留超标	4	0.06
			运输条件不合格	2	0.03

资料来源：中国海关总署：2017 年、2018 年进境不合格食品、化妆品信息，并由作者整理计算所得。

具体来说，超范围或超剂量使用食品添加剂等滥用食品添加剂的行为是引发全球食品安全风险的重要因素，也是导致我国进口食品不合格的第一大原因。2018 年，因滥用食品添加剂而被我国海关拒绝入境的不合格进口食品共计 301 批次，较 2017 年下降 68.90%，但占所有不合格进口食品批次的比例由 2017 年的 14.60% 上升到 2018 年的 22.28%，呈现相反的变动趋势。因滥用食品添加剂而被拒绝入境的进口不合格食品，主要是超范围或超剂量使用营养强化剂、着色剂、抗氧化剂、甜味剂、增味剂、防腐剂等所致，其中营养强化剂成为导致进口食品不合格的第一大食品添加剂类型。而微生物个体小、繁殖速度较快、适应能力强，在食品的生产、加工、运输和经营过程中很容易因温度控制不当或环境不洁造成污染，是导致我国进口食品不合格的又一重要因素。2018 年，我国海关检出的进口不合格食品中微生物污染共有 104 批次，较 2017 年大幅下降 77.14%，但占全年所有被拒绝入境的不合格进口食品批次总数比重由 2017 年的 6.86% 上升到 2018 年的 7.70%，其中菌落总数超标、霉菌超标以及多种菌群共同超标的情况仍然较为严重。此外，2018 年引发进口食品不合格中重金属超标的主要重金属是镉，违禁药物主要是氯霉素。

2017 年被我国海关拒绝入境的进口食品不合格的前四大原因是品质不合格、证书不合格、超过保质期、标签不合格，全部是影响进口食品安全风险的非安全卫生问题，滥用食品添加剂、微生物污染仅位列第五位和第六位。而 2018 年的前四大原因分别是滥用食品添加剂、品质不合格、标签不合格、证书不合格，滥用食品添加剂成为进口食品不合格的第一大原因，微生物污染位列第五位，较 2017 年上升一位。[19] 可见，与 2017 年相比，进口食品中滥用食品添加剂、微生物污染等安全卫生问题的风险大幅增加，这需要引起高度重视。

四 防范进口食品安全风险的对策建议

面对违规进口食品中存在的质量安全风险，突破传统的思维模式，立足于现实与未来需要，把握食品安全监管国际化的基本态势，着力完善覆盖全过程的具有中国特色、与中国大国形象相匹配的进口食品安全监管体系，保障国内食品安全已非常迫切。

（一）建立与大国形象相匹配的进口食品监管方式

近年来，我国在改革监管进口食品安全风险方面做了大量的工作，初步建立了进口食品的准入机制与食品生产加工企业质量控制体系的评估审查制度，推行了境外食品生产企业注册制与境外食品出口商和境内进口商备案制、对境外食品出具官方证书制度和进境动植物源性食品检疫审批制度等。然而，与发达国家相比，我国对进口食品的源头监管方式还有待进一步改革。[20] 建议通过立法的方式，赋予国家市场监督管理总局对境外食品企业实施不定期巡检的职责权力，督查安全风险较大的食品企业按照规范进行生产，探索进口食品在境外完成检验并主要委托境外机构来完成的机制。这既是国际惯例，更是确立中国大国形象的重要体现。这些改革可通过试点的方式来逐步推进。

（二）实施精准的口岸监管

我国进口食品的口岸相对集中，2018 年我国查处不合格进口食品前十位的口岸分别是上海（439 批次，32.49%）、天津（169 批次，12.51%）、厦门（118 批次，8.73%）、浙江（113 批次，8.36%）、广东（93 批次，6.88%）、宁波（82 批次，6.07%）、江苏（80 批次，5.92%）、广西（60

批次，4.44%）、深圳（42批次，3.11%）、福建（18批次，1.33%）、山东（18批次，1.33%）。以上11个口岸共检出不合格进口食品1232批次，占全部不合格进口食品批次的91.17%。[19]虽然对进口食品的口岸监管不断强化，但目前对不同种类的进口食品的监管主要采用统一的标准和方法，不同类型的进口食品大体处于同一尺度的口岸监管之下，难以做到有效监管与精准监管。因此，必须基于风险程度，对具有安全风险的不同国别地区的进口食品进行分类，实施有针对性的重点监管，建立基于风险危害评估基础上的进口食品合规评价的预防措施，依靠技术手段，建立进口食品风险自动电子筛选系统。推行进口食品预警黑名单制度，对列入预警黑名单的食品在进入口岸时即被采取自动扣留的措施。

（三）推进口岸检验与后续监管的无缝对接

2013年3月，我国对食品安全监管体制实施了改革，口岸监管由国家质检部门管理，进口食品经过口岸检验进入国内市场后由原来的工商部门监管调整为由食品药品监管部门负责，进口食品安全监管依然是分段式管理模式。2018年，我国再次进行了食品安全监管体制改革，原国家质量监督检验检疫总局履行的进口食品安全监管职能并入中国海关总署，中国海关总署成为我国进口食品安全新的监管机构，进口食品经过口岸检验进入国内市场后由新成立的国家市场监督管理总局负责。口岸对进口食品安全监管属于抽查性质，在进口食品的监管中具有“指示灯”的作用。然而，进口食品的质量是动态的，进入流通消费等后续环节后仍然可能产生安全风险。因此，必须完善质检与食品药品监管系统间的协同机制，实施口岸检验和流通消费监管的无缝对接，以加强对进口食品流通消费环节的后续监管。

（四）建立具有中国特色的进口食品技术性贸易措施

依靠技术进步、强化技术治理，始终是防范进口食品安全风险最基本的工具。要进一步加大投入，加快突破防范进口食品安全风险的关键共性技术，加大口岸技术装备的更新力度。完善进口食品安全的国家标准，努力与国际标准接轨，有效解决食品安全标准偏低、涵盖范围偏窄的状况。

同时依据中国人普适性的健康特点设置具有特色的进口食品技术标准，显示国家主权与文化自信。总之，要通过立法、技术标准等手段将技术治理的本质要求内化为我国监管进口食品安全风险的基本规制，建立形成具有中国特色的进口食品技术性贸易措施。

（五）完善食品安全国际共治格局

在经济全球化、贸易自由化的背景下，全球食品贸易规模屡创新高，供应链体系更加复杂多样，“互联网 +”新业态的出现，增加了防范食品安全风险的难度。[21]任何一个国家均不可能独善其身。加强国际合作，是未来保障食品安全的基本路径。应该采取的策略是，呼应《推动共建丝绸之路经济带和 21 世纪海上丝绸之路的愿景与行动》，以“一带一路”以及与我国签订食品安全合作协议的国家和地区为重点，通过信息通报、风险预警、技术合作、机制对接、联合打击走私等方式，搭建不同层次的食品安全风险治理的合作平台，努力构建食品安全国际共治体系。

参考文献

[1] 尹世久、李锐、吴林海、陈秀娟：《中国食品安全发展报告 2018》，北京大学出版社，2018。

[2] 李婕：《全世界的好东东都来了》，《人民日报（海外版）》2018 年 11 月 5 日。

[3] 尹世久、高杨、吴林海：《构建中国特色的食品安全社会共治体系》，人民出版社，2017。

[4] 刘吉念：《新时期我国进口食品安全监管的面临的新挑战》，《法制博览》2018 年第 2 期。

[5] 费威、朱玉：《我国进口食品安全监管体制分析及其完善》，《河北科技大学学报（社会科学版）》2018 年第 3 期。

[6] 容慧、李小丽、罗柳慈等：《进口预包装食品标签存在问题及措施研究》，《食品科技》2018 年第 2 期。

[7] 赵海军、蔡纯、廖鲁兴等：《我国进口冰鲜水产品质量安全现状及监管对策研究》，《检验检疫学刊》2015 年第 6 期。

[8] 游达：《进口海鲜存隐患 重金属超标》，《中国防伪报道》2017 年第 3 期。

[9] 王蕾、王蓓、高嵩等：《对我国进出口乳制品检出问题的分析和对策研究》，《中国奶牛》2015 年第 21 期。

[10] 张凤明、徐国芳、武新华：《应加强进口水果市场监管》，《中国工商报》2011 年 10 月 19 日。

[11] 曾杰文、何龙凉、林莹：《广西北部湾某口岸进口食品安全现状》，《食品安全导刊》2018 年第 30 期。

[12] 马钟鸣、葛宁涛、马云杰等：《进口食品安全的现状与查验风险探讨》，《检验检疫学刊》2017 年第 5 期。

[13] 魏虹、苏世敏、曹志辉：《首都机场口岸进口食品现状和监管工作分析》，《口岸卫生控制》2017 年第 3 期。

[14] 韦凯、李永林：《凭祥口岸进口预包装食品和化妆品监管现状及对策》，《中国国境卫生检疫杂志》2009 年第 4 期。

[15] 黄鹏峰：《我国进出口食品安全的问题与对策研究》，苏州大学硕士学位论文，2011。

[16] 尹世久、吴林海、王晓莉：《中国食品安全发展报告 2016》，北京大学出版社，2016。

[17] 吕煜昕、吴林海、池海波、尹世久：《中国水产品质量安全研究报告》，人民出版社，2018。

[18] 商务部对外贸易司：《中国进出口月度统计报告：农产品》，商务部网站，2018。

[19] 中国海关总署：《2017～2018 年 1～12 月进境不合格食品、化妆品信息》，中国海关总署网站，2018。

[20] 吴林海、尹世久、陈秀娟等：《从农田到餐桌，如何保证“舌尖上的安全”——我国食品安全风险治理及形势分析》，《中国食品安全治理评论》2018 年第 1 期。

[21] 吕煜昕、池海波：《我国参与食品安全国际共治的动因与路径研究》，《中国食品安全治理评论》2019 年第 1 期。

Contents

The Improvement of China's Food Safety Inspection and Testing System in the Newera

Abstract: Food safety inspection and testing agencies have primary responsibility for food safety monitoring, risk-based supervision, and sampling of food products for inspection. The structure, distribution, and facilities of these agencies represent important components of the food safety risk-management system and governance capacity. On January 23, 2015, the former State Food and Drug Administration issued "Guidance on Enhancing the Construction of Food and Drug Inspection and Testing System" (Food and Drug Administration [2015] No. 11), hereinafter referred to as "*Guidance*"). The *Guidance* lays down the guiding ideology and structural model for the food and drug inspection and testing system, clarifies the function of each level of the inspection and testing agencies, reinforces the inspection and testing system's core function of performing food and drug regulation, deploys the implementation of reform tasks, maps out key tasks, and standardizes the guarantee mechanism. The present study is mainly based on public data released by the State Administration of Markets in 2018. We describe the current state of progress of China's food and drug inspection and testing system, analyze existing problems, and propose relevant countermeasures.

Keywords: Food Safety; Inspection and Testing System; Overall Situation; Reform and Development

Study on the Impact of Pest Control Services on the Welfare of Grain Family Farms

Abstract: Based on the investigation data of 375 grain family farms in five provinces of Huang-Huai-Hai Plain, the welfare level of grain family farms was comprehensively evaluated under the framework of the capacity approach theory. Furthermore, with the help of endogenous switching regression model and multinomial treatment effect model, the welfare effects of the adoption of pest control services, the degree of adoption and the timing of adoption in grain family farms were discussed respectively. The study found that: the average treatment effect of family farm welfare with and without pest control service was significant, and was 0. 033 and 0. 025 respectively. Pest control service was helpful to improve the welfare level of family farm. The welfare level of family farms with high and low degree of pest control services was increased by 8. 98% and 7. 36% respectively, and the welfare effect of family farms with high degree of pest control was greater. The welfare level of family farms with early and late adoption of pest control services increased by 11. 07% and 15. 95% respectively, and the welfare level of family farms with late adoption increased even more. Therefore, we should establish and improve the policy system of pest control service promotion, guide family farms to deepen the adoption of pest control services, and tilt to the appropriate policies of family farms with early adoption.

Keywords: Pest Control Services; Welfare Effect; Endogenous Switching Regression Model; Multinomial Treatment Effects Model

Research on Channel Invasion Strategy of Organic Farm Based on Competition of Different Types of Agricultural Products

Pu Xujin　*Xu Zimin*　/ 050

Abstract: The exploration of the marketing channels of organic agricultural products in China, Stackelberg game model is used to describe the choice of invasion strategies when organic agricultural products enter the agricultural market and compete with conventional agricultural products. The influence of the competition between organic agricultural products and conventional agricultural products is analyzed when organic agricultural products enter the market with different entry strategies, and then we discuss the impact of different invasion strategies on the members of the whole agricultural supply chain. The results show that when organic agricultural products are sold through conventional supermarket together with conventional agricultural products, the profits of organic farms and conventional farms are lower, but the profits of conventional supermarket are higher. When organic agricultural products are sold separately through high-quality organic supermarket, the profits of organic farms and convention farms will be improved. But retail profits will be reduced. At the same time, the simulation results are verified by numerical simulation.

Keywords: Conventional Agricultural Products; Organic Agricultural Products; Market Competition; Channel Invasion

Does the Pork Traceability System Help to Ensure the Quality of Pork?

—Empirical Verification Based on Questionnaire Data of 396 Pig Farm Households in 3 Provinces and Cities

Liu Zengjin / 072

Abstract: In order to answer and empirically verify the practical question of "pork traceability system helps to ensure the quality and safety of pork?", this paper uses questionnaire data obtained from 396 pig farm household surveys in Beijing, Henan and Hunan province, and uses the Bivariate probit model to analyze the mechanism and effect of the participation behavior and cognition on the quality and safety behavior of pig farmers. The study found that the pork traceability system helps to improve the quality and safety of pork. The specific performance is that the ear tag wear work indirectly affects the quality and safety behavior by directly affecting the traceability system of the pig farm households; the hazards of quality and safety are mainly manifested in the irregular use of veterinary drugs. The most harmful to consumers is the use of banned drugs. 31.57% of pig farmers have used banned drugs in the past year; the basic conditions for the construction of the pork traceability system in the pig breeding sector are good, but there are still certain problems, especially in the ear tag wearing and quarantine certificate acquisition needs to strengthen supervision; in addition to the traceability system involved in cognitive variables, variables such as farming methods, pig sales methods, and veterinary drug procurement methods also significantly affect the veterinary drug use behavior of pig farmers. In the end, it proposed countermeasures from the aspects of strengthening the construction of pork traceability system, increasing the promotion of pork traceability system, encouraging large-scale and standardized breeding, establishing veterinary drug sellers and pig purchasers registration system and credit rating system.

Keywords: Pork Traceability System; Quality Safety Effect; Pig Farm Households; Quality and Safety Behavior

Comparative Study on the Knobe Effect Between China and Japan Related to Food Safety and Environmental Issues

Abstract: If the externality generated by a behavior is positive, people often think that the actor behind such behavior is acting unintentionally. By contrast, if negative externality is generated, people tend to believe that the actor behind such behavior is acting intentionally. The asymmetry of this judgment of intention is known as the Knobe effect. The present study combines both experimental philosophy and experimental economics, and uses pork production enterprises as the object of study to test whether their production behavior intentionally destroys (or improves) the ecological environment. Similarly, whether such behavior intentionally endangers (or enhances) pork quality and safety will be examined. College students from China and Japan were recruited to participate in the intention judgment experiment, and to verify the existence of the Knobe effect. In order to ensure the authenticity of all participants' responses in the experiment, a monetary reward mechanism based on the Keynesian beauty contest was included in the experimental design. Additionally, new elements for the experimental design were added prior to enterprises engaging in the behavior of enhancing profits or, in other words, all participants in the experiment not only made their choices but also predicted the answers and responses of other participants, thus verifying whether the Knobe effect exists with regard to food safety issues. Following a comparison of pork production in Japan and China, the present study reached the following conclusions. (1) When the externality is negative, it is generally believed that pork producers have the intention to damage the interests of the consumers. When the externality is positive, pork producers do not show such intention. This finding demonstrated cross-cultural universality of the Knobe effect. (2) The Knobe effect still exists regardless of whether people are aware of behavior consequences caused by externalities beforehand, although intention judgment and the effect of externalities are interdependent. (3) When people make their own intention judgment about a particular case, or make predictions about others' intention judgment of the same case, if the externality is negative (positive), the corresponding behavior is often considered intentional (unintentional). Also, people tend to believe that others agree with or support their judgments. (4) Due to the different stages of economic development in China and Japan, people's concerns also varied. In China, negative externalities of food safety issues received more intention judgment than those of environmental issues, whereas the opposite was true in Japan (i. e. , environmental issues receive more intention judgment).

Keywords: Food Safety; Knobe Effect; Intention Judgment; Experimental Economics; Experimental Philosophy

Abstract: In food safety incidents, the rapid recovery of consumers' purchase intention is the key to the crisis in the food industry. Taking the H7N9 incident in 2013 as an example, this paper analyzes the impact of information on consumers' purchasing intention under food safety incidents by introducing the multinomial logistic regression model and scenario experiment. The results show that negative information has more negative effect on consumers' purchase intention than positive information has on consumers' purchase intention under the impact of food safety incidents. The more serious the food safety incidents, the weaker the positive effect of positive information on consumers' purchase intention, and the stronger the negative effect of negative information on consumers' purchase intention. Therefore, under the impact of food safety incidents, especially in the areas where the incidents are serious, the government and the food industry should give full and authoritative positive information to reduce the negative effect of negative information and help the food industry tide over the crisis smoothly.

Keywords: Food Safety Incidents; Information; Purchase Intention; Scenario Experiment; The Multinomial Logistic Regression Model

Social and Cultural Horizon Analysis of Safety Evaluation of Genetically Modified Rice in China

Abstract: Relevant studies at home and abroad show that the public takes a more sociocultural perspective when evaluating the safety of GM technology. This choice of social and cultural horizons is inevitable. For the Chinese public, the evaluation of GM rice is mainly carried out from the following social and cultural perspectives: perceptual cultural level, "Better believe in what it has than in what it does not have"; political and cultural level, "Whatever the enemy approves, we oppose it, and vice versa"; economic and cultural level, traditional rice cultivation methods are impacted. The implementation of new planting methods has been hindered; at the level of dietary culture, factories are inferior to households and households are inferior to wild ones; at the level of ethical culture, post-colonialism, intra-generational and inter-generational injustice, reverence for life and love for animals; at the level of religious culture, human beings play the role of creator and desecrate gods; and so on. As a result, the Chinese public is more likely to reject GM rice. The social culture of rejecting GM rice has its rationality and should be respected. It can not be evaluated and restricted by scientism, which is in favor of GM rice. Otherwise, it will affect the harmony and stability of society and will not realize the democratization of science.

Keywords: Public; Genetically Modified Rice; Safety Evaluation; Social Culture

Food Safety Co-regulation Based on Product Reputation

Abstract: Based on the research on food safety risk governance of "public regulation" and "private regulation", this paper establishes a three-tier supply chain model of government regulatory agencies, food manufacturing companies, and customers. This paper designs collaborative regulation based on the reputation update model, then studies the influence of product reputation factors on product quality, sales price, inspection accuracy, government's rewards and penalties. The results show that the price of the product is positively correlated with the reputation, and is negatively correlated with the government's rewards and penalties. Moreover, under the action of reputation factors, the government improves the accuracy of detection of product quality, strengthens the rewards and penalties to the food manufacturing enterprise. This can effectively control the sales prices, and improves the product quality and the company earnings. Finally, through a number of simulation experiments, this paper has obtained a series of enlightenment on food safety risk management. For example, the process of improving product reputation by improving product quality will be slow; when food quality and safety problems occur, it will be a devastating blow to the reputation of the enterprise.

Keywords: Food Safety; Product Reputation; Co-regulation; Government Rewards and Penalties

Study on the Current Situation of Food Import Trade and Safety in China

Lv Yuxin　Chi Haibo

Abstract: With the rapid development of food import trade, imported food has become an important source of food consumption in China, and plays an increasingly important role in the structure of food consumption in China. Ensuring the safety of imported food has become an important part of ensuring domestic food safety. However, there are few systematic reports on the current situation of food safety risks in China. Firstly, this paper analyses the basic characteristics of China's food import trade based on statistical data. In recent years, the development of China's food import trade has shown the basic characteristics of continuous expansion of the total volume, continuous upgrading of the structure, relative stability and gradual optimization of the overall market structure, which has played an increasingly important role in regulating the relationship between domestic food supply and demand and meeting the diversity of the food market. On this basis, using SPSS 22.0 software to carry out data analysis, the basic characteristics of imported food with safety risks were explored in detail, including the unqualified batches of imported food in 2018 reached a new low since 2009, the sources of unqualified imported food were relatively concentrated, and the number of sources showed a decreasing trend in 2018. Abusing food additives, unqualified quality, unqualified labels, unqualified certificates and microbial contamination are the main reasons for unqualified imported food. Finally, aiming at the safety problems of imported food safety, the countermeasures and suggestions are put forward to prevent the risks of imported food safety. It is necessary to establish a supervision mode of imported food safety that matches the image of a big country, implement accurate port supervision, promote seamless docking of port inspection and follow-up supervision, and establish a Chinese characteristic technical trade measures for imported food, and improve the international co-governance pattern of food safety.

Keywords: Food Safety; Import Trade; Safety Risk; International Co-governance

图书在版编目(CIP)数据

中国食品安全治理评论. 2019 年. 第 2 期 : 总第 11 期/
吴林海主编. -- 北京 : 社会科学文献出版社, 2019.12
ISBN 978 - 7 - 5201 - 5912 - 8

Ⅰ.①中… Ⅱ.①吴… Ⅲ.①食品安全 - 安全管理 - 研究 - 中国 Ⅳ.①TS201.6

中国版本图书馆 CIP 数据核字(2019)第 288564 号

中国食品安全治理评论（2019 年第 2 期 总第 11 期）

主 编 / 吴林海
执行主编 / 浦徐进

出 版 人 / 谢寿光
组稿编辑 / 周 丽 王玉山
责任编辑 / 周 丽
文稿编辑 / 马改平

出 版 / 社会科学文献出版社 · 经济与管理分社（010）59367226
地址：北京市北三环中路甲 29 号院华龙大厦 邮编：100029
网址：www.ssap.com.cn
发 行 / 市场营销中心（010）59367081 59367083
印 装 / 三河市尚艺印装有限公司

规 格 / 开 本：787mm × 1092mm 1/16
印 张：12.75 字 数：194 千字
版 次 / 2019 年 12 月第 1 版 2019 年 12 月第 1 次印刷
书 号 / ISBN 978 - 7 - 5201 - 5912 - 8
定 价 / 98.00 元